de Gruyter Lehrbuch

Michel, Elektrotechnik

Einführung in die Allgemeine Elektrotechnik

I. Arbeitsverfahren zur Berechnung einfacher elektrischer Netzwerke

von

Manfred Michel

Mit 102 Abbildungen und 5 Tabellen

W DE G

Walter de Gruyter · Berlin · New York · 1973

 Printed in Germany. Satz: IBM-Composer, Walter de Gruyter & Co., Berlin – Druck: Spiller, Berlin 61.
ISBN 3 11 003725

Vorwort

Das vorliegende Lehrbuch ist aus den Skripten hervorgegangen, die der Verfasser zur Unterstützung der Vorlesung „Grundzüge der Elektrotechnik“ an der Technischen Universität Berlin herausgegeben hat. Diese Vorlesung dient als Einführungsveranstaltung für alle Studenten der Elektrotechnik. Sie soll dem Studenten die Möglichkeit geben, sich die wichtigsten Arbeitsverfahren der Elektrotechnik anzueignen. Zugleich wird ein Großteil des notwendigen Grundwissens vermittelt. Dabei wird die Stoffauswahl so getroffen, daß sich die Einführung sowohl für ein Fachstudium der Energietechnik als auch für ein Fachstudium der Nachrichtentechnik eignet. Gleichermaßen kann das Lehrbuch für eine Einführung in die Elektronik gelten, die ein Teilgebiet der Elektrotechnik ist. In diesem Sinne ist der Begriff „Allgemeine Elektrotechnik“ zu verstehen.

Im ersten Band werden die Arbeitsverfahren zur Berechnung einfacher elektrischer Netzwerke vorgestellt. Die Netzwerke entstehen aus der Zusammenschaltung diskreter Bauelemente. Ein weiterer Band erläutert die elektrotechnischen Gesetze zur Berechnung der Bauelemente. Das Ganze wird abgeschlossen durch eine Reihe von Beispielen, die die Anwendung des behandelten Stoffes in der Elektrotechnik zeigen.

An der Technischen Universität Berlin wird die Vorlesung „Grundzüge der Elektrotechnik“ innerhalb des Grundstudiums ergänzt durch eine überwiegend physikalisch orientierte Vorlesung „Werkstoffe der Elektrotechnik“, durch eine „Einführung in die Netzwerkstheorie“ und durch eine „Einführung in die Energiewandlung“. Die Stoffgebiete dieser Vorlesungen sind in dem vorliegenden Lehrbuch nicht enthalten.

Für das Ziel des Lehrbuches sind die in ihm enthaltenen Übungsaufgaben von großer Bedeutung. Die Arbeitsverfahren der Elektrotechnik werden mit ihrer Hilfe erläutert und ein Großteil des Stoffes wird in ihnen vermittelt. Es empfiehlt sich, diese Aufgaben selbständig durchzuarbeiten und die angegebenen Lösungen nur zur Kontrolle zu verwenden.

Manfred Michel

Inhaltsverzeichnis

Einführung in die Allgemeine Elektrotechnik

II. Elektrotechnische Gesetze zur Berechnung der Bauelemente

Inhaltsübersicht:

1. Grundbegriffe

1.1 Physikalische Größen, Einheiten

Die Elektrotechnik als Teilgebiet der angewandten Physik beschäftigt sich mit der Nutzung physikalischer Vorgänge. Für die Beschreibung dieser Vorgänge und ihre technische Anwendung ist es vorteilhaft, die ihnen zugrunde liegenden Gesetze in Form von Gleichungen darzustellen. Die in diesen Gleichungen verwendeten Buchstaben sind Symbole für physikalische Größen. Als Beispiele für allgemein bekannte physikalische Größen seien die Länge und die Zeit genannt.

Jede **physikalische Größe** wird dabei als Produkt eines Zahlenwertes und einer Einheit geschrieben

$$\text{Größe} = \text{Zahlenwert} \cdot \text{Einheit}$$

Dabei ist unter Einheit ein für die physikalische Größe vereinbarter Bezugswert zu verstehen.

Beispiel:

Es soll der physikalische Tatbestand beschrieben werden, daß eine Strecke 7 Meter lang ist. Das wird so ausgeführt, daß das Symbol „l“ zur Bezeichnung der physikalischen Größe „Streckenlänge“ gewählt wird. Dann kann unter Verwendung des „m“ als Abkürzung für die Einheit der Streckenlänge (Meter) geschrieben werden:

$$l = 7\text{m}$$

Die Einheiten für die physikalischen Größen können grundsätzlich frei gewählt werden. In der Physik gibt es verschiedene Einheitensysteme. In einem **Einheitensystem** sind aufeinander abgestimmte Einheiten zusammengefaßt. Ein Einheitensystem besteht aus wenigen, speziell definierten Einheiten, den **Basiseinheiten**, und den daraus abgeleiteten Einheiten.

Für Probleme der angewandten Physik sollte das Internationale Einheitensystem verwendet werden. Es geht von den Basiseinheiten der Länge (**M**eter), der Masse (**K**ilogramm), der Zeit (**S**ekunde), der Stromstärke (**A**mpere) sowie von Einheiten für die Temperaturskala (Kelvin) und für die Lichtstärke (Candela) aus und wird mit den Anfangsbuchstaben der ersten vier Basiseinheiten auch als MKSA-System bezeichnet.

Aus den Basiseinheiten werden nach Gesichtspunkten der Anwendung weitere Einheiten abgeleitet. Dabei werden Einheiten eines Systems, die in ihren Definitionsgleichungen ausschließlich den Faktor „Eins“ enthalten, als **kohärente Einheiten** bezeichnet.

Dezimale Vielfache und Teile von Einheiten werden durch Vorsatzzeichen gekennzeichnet. Sie sind in einer Auswahl in Tab. 1.1 zusammengestellt. In der Elektrotechnik sollten allein die in der Tab. 1.1 angegebenen, auf den Faktoren 10^3, 10^6, 10^{-3}, 10^{-6} usw. aufgebauten Vorsätze benutzt werden.

Benennung	Kurzzeichen	Faktor		Benennung	Kurzzeichen	Faktor
Milli	m	10^{-3}		Kilo	k	10^3
Mikro	μ	10^{-6}		Mega	M	10^6
Nano	n	10^{-9}		Giga	G	10^9
Piko	p	10^{-12}		Tera	T	10^{12}

Tab. 1.1 Vorsätze und Bezeichnung von Vielfachen und Teilen der Einheiten (Auswahl)

In der Tab. 1.2 (s. S. 13) ist aus dem MKSA-System eine Auswahl von Basiseinheiten und abgeleiteten Einheiten für das Gebiet der Mechanik zusammengestellt. Diese Tabelle enthält auch einige Umrechnungsfaktoren zu nicht kohärenten, häufig benutzten Einheiten innerhalb des Systems, sowie Umrechnungsfaktoren zu noch vorkommenden Einheiten anderer Systeme.

Für das Gebiet der Elektrotechnik wurde im MKSA-System zu den drei Basiseinheiten m, kg, s eine weitere definiert. Gewählt wurde die Einheit der Stromstärke, das Ampere. Die Tab. 1.3 (s. S. 14) enthält eine Auswahl von Größen und Einheiten aus dem Gebiet der Elektrotechnik.

Bei allen Umformungen der Gleichungen und allen Berechnungen sollten Gleichungen ausschließlich als **Größengleichungen** behandelt werden. Das heißt, daß die verwendeten Formelgrößen immer als Symbole für die physikalischen Größen stehen. Bei der Ermittlung des Ergebnisses – nachdem die Gleichung nach der gesuchten Größe aufgelöst wurde – werden die Größensymbole dann durch das Produkt Zahlenwert mal Einheit ersetzt. Sind Größen in Zahlenwerten eines fremden Einheitensystems gegeben, so sind diese mit Hilfe der Umrechnungsfaktoren in Zahlenwerte der gewählten Systemeinheiten umzurechnen.

Größe	Formelzeichen f. d. Größe	Definitionsgleichung für die Größe	Definitionsgleichung für die Einheit	Einheit: Benennung	Einheit: Kurzzeichen	Nichtkohärente Einheiten im MKSA-System	Umrechnungsfaktoren außerhalb MKSA-System
Länge	l	Basisgröße		Meter	m		
Masse	m	Basisgröße		Kilogramm	kg		
Zeit	t	Basisgröße		Sekunde	s		
Fläche	A	$A = l^2$	$1m^2 = 1m \cdot 1m$	Quadrat-meter	m^2	$1\ cm^2 = 10^{-4} m^2$ $1\ mm^2 = 10^{-6} m^2$	
Volumen	V	$V = l^3$	$1m^3 = 1m \cdot 1m \cdot 1m$	Kubikmeter	m^3	$1\ cm^3 = 10^{-6} m^3$ $1\ mm^3 = 10^{-9} m^3$	
Geschwindigkeit	v	$v = \frac{l}{t}$	$1\ \frac{m}{s} = \frac{1m}{1s}$	Meter/Sekunde	m/s		1 km/h (Kilometer je Stunde) = 0,28 m/s
Beschleunigung	b	$b = \frac{l}{t^2}$	$1\ \frac{m}{s^2} = \frac{1m}{1s \cdot 1s}$	Meter/(Sek)²	m/s^2		
Kraft	F	$F = m \cdot b$	$1N = 1kg \cdot 1\ \frac{m}{s^2}$	Newton	N	$10^{-5}\ N = 1\ Dyn$	1 kp = 9,80665 N 1 p = 9,81 mN = 981 Dyn
Druck, spezifische Anziehungskraft	p	$p = \frac{F}{A}$	$1\ \frac{N}{m^2} = 1N \cdot \frac{1}{1m^2}$	Newton/(Meter)²	N/m^2	$1\ bar = 10^5\ N/m^2$	1 techn. Atmosphäre $= 1\ kp/cm^2$ $= 98{,}0665 \cdot 10^3\ N/m^2$
Drehmoment	M	$M = F \cdot l$	$1Nm = 1N \cdot 1m$	Newton-meter	Nm	$10^{-5}\ Nm = 1\ mNcm$	1 kpm = 9,80665 Nm $1\ pcm = 98{,}1 \cdot 10^{-6}\ Nm$
Leistung	P	$P = \frac{F \cdot l}{t}$	$1W = 1N \cdot \frac{1m}{1s}$	Watt	W		1 PS (Pferdestärke) = 736 W
Arbeit, Energie	W	$W = F \cdot l$	$1J = 1N \cdot 1m$	Joule	J	$10^{-7}\ J = 1\ Erg$	1 Kilokalorie = 1 kcal = 4186,6 J 1 Meterkilopond = 1 kpm = 9,80665 J

Tab. 1.2 Einheiten der Mechanik (Auswahl)

Größe	Formelzeichen für die Größe	Definitionsgleichung für die Größe	Definitionsgleichung für die Einheit	Einheit Benennung	Einheit Kurzzeichen
Strom	i, I	Basisgröße		Ampere	A
Spannung	u, U	$U = \frac{W}{Q} = \frac{P}{I}$	$1\ V = \frac{1W}{1A}$	Volt	V
Widerstand	R	$R = \frac{U}{I}$	$1\ \Omega = \frac{1V}{1A}$	Ohm	Ω
Leitwert	G	$G = \frac{I}{U}$	$1\ S = \frac{1A}{1V}$	Siemens	S
Ladung	q, Q	$Q = I \cdot t$	$1\ C = 1A \cdot 1s$	Coulomb	C
Kapazität	C	$C = \frac{Q}{U}$ $C = \frac{I}{\Delta U/\Delta t}$	$1\ F = \frac{1A \cdot 1s}{1V}$	Farad	F
Induktivität	L	$L = \frac{\Phi}{I}$ $L = \frac{U}{\Delta I/\Delta t}$	$1\ H = \frac{1V \cdot 1s}{1A}$	Henry	H

Tab. 1.3 Einheiten der Elektrotechnik (Auswahl)

Beispiel:

Bei der Drehbewegung mit konstanter Winkelgeschwindigkeit berechnet sich die Leistung nach der Beziehung:

$$P = F \cdot r \cdot \omega$$

Hierin bedeutet:

- F Kraft senkrecht zum Radius
- r Radius
- ω Winkelgeschwindigkeit
- P Leistung

Es werde eine Leistung von P = 6,28 W bei einer Winkelgeschwindigkeit $\omega = 6{,}28\ s^{-1}$ und einem Radius von r = 0,1 m umgesetzt. Wie groß ist die wirkende Kraft?

$$F = \frac{P}{r \cdot \omega} \quad \text{Größengleichung, aufgelöst nach F}$$

Ergebnis: $F = \frac{6{,}28\ \text{W}}{0{,}1\ \text{m} \cdot 6{,}28\ \text{s}^{-1}} = \frac{6{,}28\ \text{Nms}^{-1}}{0{,}1\ \text{m} \cdot 6{,}28\ \text{s}^{-1}} = 10\ \text{N}$

Soll jetzt die Kraft in kp (Einheit der Kraft im technischen Maßsystem) angegeben werden, so muß mit der Beziehung

$1\ \text{N} = \frac{1}{9{,}81}\ \text{kp}$ umgerechnet werden.

$$F = 10\ \text{N} = \frac{10}{9{,}81}\ \text{kp} = 1{,}02\ \text{kp}$$

1.2 Elektrische Größen

Elektrische Ladung

Die elektrische Ladung ist, wie die Masse, eine **Grundeigenschaft der Bausteine der Materie.** Sie zeigt sich in folgenden Wirkungen:

a) eine elektrische Ladung übt auf andere Ladungen Kräfte aus. Der Teil des Raumes, in dem diese Kraftwirkung nachzuweisen ist, heißt **elektrisches Feld.** Eine elektrische Ladung ist von einem elektrischen Feld umgeben.

b) bewegte elektrische Ladungen üben auf andere bewegte elektrische Ladungen Kräfte aus. Der Teil des Raumes, in dem diese Kraftwirkung nachzuweisen ist, heißt **magnetisches Feld.** Bewegte elektrische Ladungen sind von einem magnetischen Feld umgeben.

Der Materiebaustein **Elektron** (Atomhülle) ist Träger der negativen elektrischen Ladung. Der Materiebaustein **Proton** (Atomkern) ist Träger der positiven Ladung. Das Atom ist elektrisch neutral. Die Ladung eines Elektrons ist die kleinste Ladungsmenge, die vorkommt und wird deshalb **Elementarladung** genannt.

Für den Transport elektrischer Ladungen in manchen festen Körpern stehen die Elektronen der äußeren Elektronenschale eines Atoms (Valenzelektronen) als „quasi-freie" Elektronen zur Verfügung.

Positiv geladene Atomreste heißen positive Ionen. Ein Atom kann durch Anlagerung eines zusätzlichen Elektrons zum negativen Ion werden. Quasi-freie Elektronen und Ionen bilden die **Ladungsträger.** In der Elektrotechnik hat der Transport elektrischer Ladungen durch Elektronen die größte Bedeutung.

Die Anzahl und die Beweglichkeit der vorhandenen Ladungsträger entscheidet über die Verwendung eines Stoffes:

Leiter besitzen viele bewegliche Ladungsträger

Nichtleiter (Isolatoren) besitzen keine beweglichen Ladungsträger.

Mit Beweglichkeit ist hier die Bewegung zwischen den Atomen zu verstehen und nicht die Bewegung auf einer Bahn innerhalb eines Atoms.

Die wichtigsten Leiter sind die **Metalle.** Bei ihnen sind bei Raumtemperatur nahezu alle Valenzelektronen aus dem Atomverband gelöst und stehen als Ladungsträger zur Verfügung.

Viele Stoffe bilden quasi-freie Elektronen, wenn ihren Atomen Energie (z. B. in Form von Wärme oder Licht) zugeführt wird. Dieser Stoffgruppe gehören die **Halbleiter** an. So ändert sich die durch die Valenzelektronen hervorgerufene Eigenleitung bei Silizium um den Faktor 10^4 bei Übergang von 20° C auf 200° C.

Als Bestimmungsgröße für die Eigenschaft „elektrische Ladung" wird die **Ladungsmenge**, Formelzeichen Q oder q, verwendet. Unter einer Ladungsmenge ist eine Anzahl Elementarladungen zu verstehen.

Die Einheit der elektrischen Ladung ist unter Verwendung der Einheit des elektrischen Stromes festgelegt (Tab. 1.3).

Elektrischer Strom

Die Erscheinung der gerichteten Bewegung von Ladungsträgern wird mit dem Begriff **elektrischer Strom** bezeichnet. Als Bestimmungsgröße für den elektrischen Strom wird die **Stromstärke**, Formelzeichen I oder i, definiert.

Durch das im Bild 1.1 dargestellte Stück eines Leiters (wegen der gerichteten Bewegung der Ladungsträger wird ein Leiterstück gewählt, dessen Querschnittsabmessungen klein gegenüber den Längsabmessungen sind – Draht) bewegen sich in der gezeichneten Richtung Ladungsträger. Es wird angenommen, daß die Ladungsträger gleichmäßig über den Querschnitt verteilt sind. Ferner soll der Leiter von einem Isolator umgeben sein, so daß die Ladungsträger sich nur im Leiter bewegen.

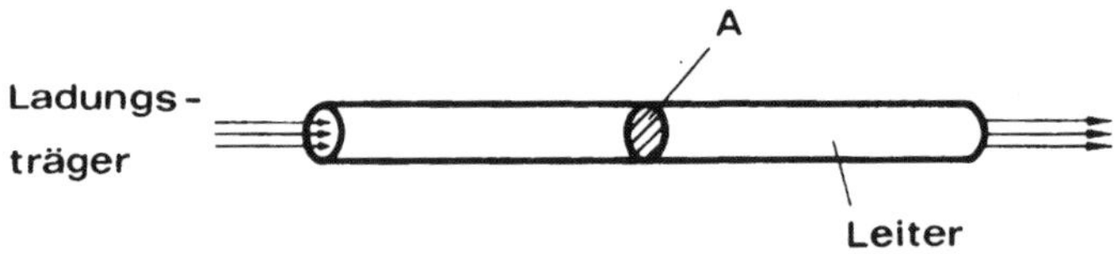

Bild 1.1 Zur Definition der Stromstärke I

Dann wird die Stromstärke definiert:

$$I = \frac{\text{durch den Querschnitt A während einer Zeitdauer strömende Ladungsmenge}}{\text{Zeitdauer}}$$

$$= \frac{\Delta Q}{\Delta t}$$

Ist die Strömung gleichmäßig, d. h. liegt keine zeitliche Änderung der Stromstärke vor:

$$I = \frac{Q}{t} \qquad (1.1)$$

Bei zeitlicher Änderung der Stromstärke:

$$i = \lim_{\Delta t \to 0} \left(\frac{\Delta Q}{\Delta t}\right) = \frac{dq}{dt} \qquad (1.2)$$

Im allgemeinen wird die Bewegungsrichtung der positiven Ladungsträger als positive Stromrichtung festgesetzt.

Ein elektrischer Strom macht sich durch folgende **Wirkungen** bemerkbar und ist damit nachzuweisen:

der Strom ist von einem Magnetfeld umgeben
Dieses läßt sich nachweisen durch die Kraftwirkung eines stromdurchflossenen Leiters auf eine Magnetnadel oder durch Kraftwirkung zwischen zwei stromdurchflossenen Leitern.

der elektrische Strom entwickelt in Leitern Wärme

der elektrische Strom transportiert in Ionenleitern Materie (elektrochemische Prozesse)

Als Einheit für die Stromstärke wird das **Ampere** verwendet. Dieses wurde 1954 als 4. Basiseinheit des Internationalen Systems der praktischen Einheiten von der Generalkonferenz für Maß und Gewicht beschlossen.

Es war von dieser Konferenz bereits 1948 definiert worden:

„Zwei unendlich lange, parallele, gerade Leiter von vernachlässigbar kleinem Querschnitt sind im Vakuum im Abstand von 1 Meter voneinander angeordnet, sie werden von einem Gleichstrom durchflossen. Dieser hat die Stromstärke 1 Ampere, wenn die elektrodynamisch verursachte Kraft zwischen beiden Leitern $2 \cdot 10^{-7}$ Newton für jeden Abschnitt der Anordnung beträgt, der aus einander gegenüberstehenden Leiterteilen von 1 Meter Länge besteht“ (aus DIN 1357).

Mit Hilfe der Einheit der Stromstärke ist auch die Einheit der Ladungsmenge – das **Coulomb** – definiert. Aus der Größengleichung (1.1)

$$Q = I \cdot t$$

folgt:

$$1\,C = 1\,A \cdot 1\,s = 1\,As$$

Die Elementarladung beträgt $1{,}602 \cdot 10^{-19}$ As.

Elektrische Spannung

Um in einem Leiter eine gerichtete Bewegung von Ladungsträgern, d. h. einen elektrischen Strom, hervorzurufen, müssen die vorhandenen Ladungsträger beschleunigt werden. Hierzu eignen sich alle physikalischen Vorgänge, bei denen eine Kraft auf Ladungsträger wirkt. Technische Einrichtungen hierzu nennt man Generatoren oder Spannungsquellen.

Die physikalische Größe, mit der der Antrieb auf Ladungsträger quantitativ gekennzeichnet wird, heißt **elektrische Spannung.**

Für ihre Einführung und Definition soll die Kraftwirkung auf eine elektrische Ladung im elektrischen Feld verwendet werden.

Das Bild 1.2 stellt einen Ausschnitt zweier ebener Platten dar, die sich dicht parallel gegenüber stehen. Auf diesen Platten (Leiterplatten, isoliert aufgestellt) befinden sich Ladungen unterschiedlicher Polarität. Die Platten sind geladen. Dann ist in der Nähe der Platten und insbesondere zwischen ihnen ein **elektrisches Feld** vorhanden. Dieses ist dadurch gekennzeichnet, daß in seinem Bereich auf eine Ladung eine Kraft wirkt.

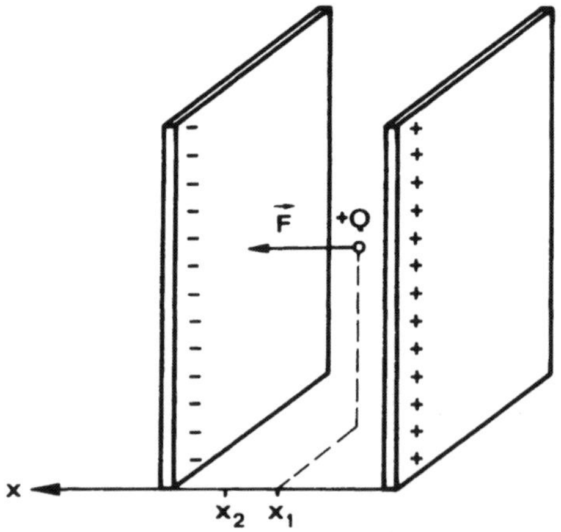

Bild 1.2 Kraftwirkung $\vec{F}$ auf eine Ladung Q im elektrischen Feld

Auf die Ladung der Größe Q wirkt im Beispiel die Kraft $\vec{F}$. (Die Schreibweise $\vec{F}$ deutet an, daß es sich bei der Kraft F um eine im Raum gerichtete Größe handelt.)

Wird die auf die Ladung Q wirkende Kraft auf die Ladungsmenge bezogen, so kann mit der so gewonnen physikalischen Größe die Intensität des elektrischen Feldes beschrieben werden. Diese Größe wird **elektrische Feldstärke** $\vec{E}$ genannt:

$$\vec{E} = \frac{1}{Q} \cdot \vec{F} \qquad (1.2)$$

Die Richtung der Kraft ist so, daß sich die eingebrachte Ladung zur entgegengesetzt aufgeladenen Platte bewegen möchte. Kraft und Feldstärke an einer Ladung haben demnach die in Bild 1.3 gezeigte Zuordnung. Positiv wird also die Richtung der Feldstärke gezählt, wenn sie von der positiven zur negativen Ladung zeigt.

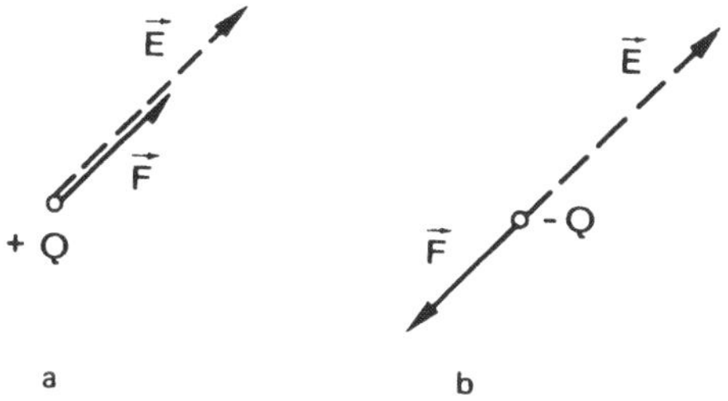

Bild 1.3 Kraft auf eine Ladung im elektrischen Feld
a) positive Ladung
b) negative Ladung

Im allgemeinen Fall wird bei einer Bewegung der Ladung im elektrischen Feld entlang des Wegelementes $\vec{ds}$ die mechanische Arbeit dW umgesetzt.

$$dW = \vec{F} \cdot \vec{ds} \qquad (1.3)$$

dW ist das skalare Produkt der Vektoren $\vec{F}$ und $\vec{ds}$.

Im einfachen Beispiel des Ausschnittes aus den ebenen Platten (s. Bild 1.2) beträgt die umgesetzte Arbeit bei Bewegung der Ladung von x_1 nach x_2:

$$W_{12} = \int_{x_1}^{x_2} F_x \, dx = Q \cdot \int_{x_1}^{x_2} E_x \, dx = W_2 - W_1 \qquad (1.4)$$

Da in diesem Beispiel die Kraftrichtung in der Bewegungsbahn liegt (x-Richtung), kann auf die Vektorschreibweise verzichtet werden.

Die Ladung wird bei der Bewegung von einem Niveau potentieller Energie W_1 zu einem anderen Niveau potentieller Energie W_2 bewegt. Die – je nach Bewegungsrichtung – aufgenommene oder abgegebene Arbeit ist gleich der **Differenz der potentiellen Energien.**

Um unabhängig von der Größe Q ein Maß für die potentielle Energie in einem Punkt des elektrischen Feldes zu erhalten, wird W_{12} auf Q bezogen:

$$\frac{W_{12}}{Q} = \int_{x_1}^{x_2} E_x \, dx \qquad (1.5)$$

Wird definiert $E_x \, dx = - dV$, so gilt

$$\frac{W_{12}}{Q} = \int_{V_1}^{V_2} - dV = V(x_1) - V(x_2) \qquad (1.6)$$

Die Größe V definiert als skalare Funktion des Ortes die örtliche Verteilung der Niveaus der potentiellen Energie im elektrischen Feld und wird daher als **elektrisches Potential** bezeichnet.

Das Potential eines Punktes (z. B. $V(x_1)$ im Bild 1.2) sagt etwas aus über den Energiebetrag, der frei wird oder benötigt wird, wenn die Ladung zu einem Punkt mit einem anderen Potential (z. B. $V(x_2)$) gebracht wird. Das Vorzeichen wurde unter der Annahme gewählt, daß eine positiv gezählte Energie umgesetzt wird, wenn die Bewegung einer positiven Ladung vom höheren zum niedrigeren Potential erfolgt.

Für die Potentialdifferenz $V(x_1) - V(x_2)$ wird die Größe **elektrische Spannung** eingeführt. Die Spannung zwischen den Punkten x_1 und x_2 beträgt:

$$U_{12} = V(x_1) - V(x_2) \qquad (1.7)$$

Damit kann die Gleichung (1.6) geschrieben werden

$$W_{12} = Q \cdot U_{12} \qquad (1.8)$$

Die Beziehung (1.7) macht eine wichtige Eigenschaft der elektrischen Spannung deutlich, daß immer zwei Punkte anzugeben sind, zwischen denen sie herrscht. Die Bezeichnung „Spannung des Generators" meint „Spannung zwischen den Klemmen des Generators".

Die **Einheit der Spannung** (Volt) wird entsprechend der Beziehung (1.8) definiert:

$$1 \, V = \frac{1 \, Ws}{1 \, As} = \frac{1W}{1A} \qquad (1.9)$$

Ein Volt ist also die elektrische Spannung zwischen zwei Punkten eines homogenen und gleichmäßig temperierten metallischen Leiters, in dem bei zeitlich unveränderlichem Strom von 1 A zwischen den beiden Punkten eine Leistung von 1 W umgesetzt wird.

Für elektrotechnische Zwecke werden verschiedene physikalische Vorgänge zur Anwendung in Spannungsquellen oder Generatoren genutzt. So gibt es neben anderen elektromagnetische, elektrochemische, thermoelektrische, photoelektrische und piezoelektrische Spannungsquellen.

Energie, Leistung

Für die Größen Energie und Leistung haben sich die Formelbuchstaben W und P eingeführt. Aus den Gleichungen (1.1) und (1.8) ergeben sich die folgenden Definitionen für den Fall, daß Strom und Spannung zeitlich konstant sind:

$$W = U \cdot I \cdot t \qquad P = U \cdot I \tag{1.10}$$

Liegen dagegen zeitlich veränderliche Größen für Strom und Spannung vor, so gilt:

$$\Delta W = \int^{\Delta t} u(t) \cdot i(t)\, dt \qquad p(t) = u(t) \cdot i(t) \tag{1.11}$$

Die Einheiten sind den Tab. 1.2 und 1.3 zu entnehmen.

Mit der Definition der Richtung des elektrischen Feldstärkevektors (von der positiven zur negativen Ladung) und der Definition des Potentials wurde zugleich festgelegt, wie die umgesetzte Energie zu zählen ist.

Die Arbeit, die nämlich beim Transport der Ladungsmenge Q auf dem Wege von x_1 nach x_2 in Richtung des elektrischen Feldvektors frei wird, ist

$$W_{12} = Q \int_{x_1}^{x_2} \vec{E}\, d\vec{x} = U_{12} \cdot Q = U_{12} \cdot I \cdot t$$

Beim Transport der Ladung entgegen der Richtung des elektrischen Feldes muß Arbeit aufgebracht werden, die als elektrische Energie gespeichert wird:

$$W_{21} = Q \cdot \int_{x_2}^{x_1} \vec{E}\, d\vec{x} = - U_{12} \cdot Q = - U_{12} \cdot I \cdot t$$

Elektrischer Widerstand

Bewegt sich eine Ladung frei im Vakuum in Richtung des elektrischen Feldstärkevektors, so wird potentielle Energie in kinetische Energie umgesetzt:

$$W_{12} = Q \cdot (V_1 - V_2) = Q \cdot U_{12} = \frac{m}{2} v^2$$

Findet der Ladungstransport jedoch in festen Körpern, z. B. Metallen, statt, so wird durch den **Widerstand,** den der Körper der Bewegung entgegensetzt, die Energie in Form von Wärme frei. Die Vorstellung, daß die Ladungsträger nicht ungehindert durch das in Wärmebewegung befindliche Kristallgitter eines metallischen Leiters gelangen können, gibt ein gutes Bild von den Vorgängen bei vielen Leitern.

Als Formelbuchstabe für die Größe „Elektrischer Widerstand" wird allgemein R verwendet. Der zwischen den Punkten A und B vorhandene Widerstand ist definiert:

$$R_{AB} = \frac{\text{Spannung zwischen den Punkten A B}}{\text{Stromstärke im Stück zwischen A B}}$$

$$R_{AB} = \frac{U_{AB}}{I} \qquad (1.12)$$

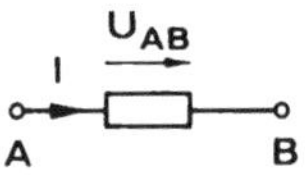

Bild 1.4 Zur Definition des elektrischen Widerstandes

Definition der Einheit (Ohm):

$$1\,\Omega = \frac{1\text{V}}{1\text{A}} \qquad (1.13)$$

Oft ist es zweckmäßig, mit dem Reziprokwert des Widerstandes zu rechnen. Diese Größe wird als **elektrischer Leitwert** G definiert.

$$G = \frac{1}{R} = \frac{I}{U_{AB}} \qquad (1.14)$$

Einheit (Siemens):

$$1\,\text{S} = \frac{1}{\Omega} \qquad (1.15)$$

Ohmsches Gesetz:

Bei allen Metallen und Metallegierungen ist der Widerstand R (bei konstanter Temperatur) eine konstante Größe und insbesondere nicht von der Spannung oder dem Strom abhängig.

$$R = \frac{U}{I} = \text{konst.} \qquad (1.16)$$

Für alle Widerstände, die dem ohmschen Gesetz gehorchen, sog. „ohmsche Widerstände", sind Spannung und Strom linear miteinander verknüpft. Sie werden deshalb auch lineare Widerstände genannt.

Im Bild 1.5 sind die Strom-Spannungs-Kennlinien einiger linearer Widerstände wiedergegeben.

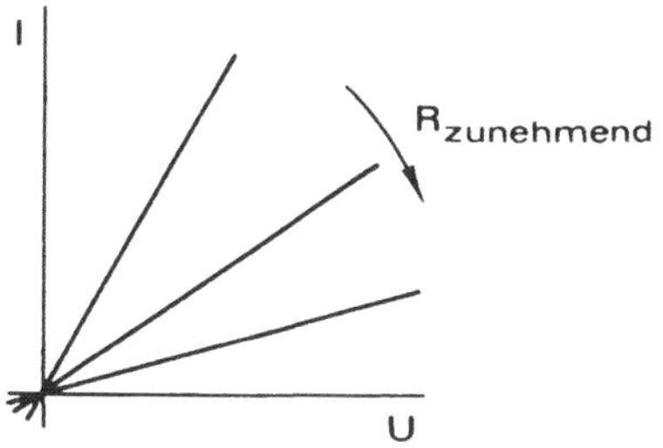

Bild 1.5 Strom-Spannungs-Diagramm für verschiedene lineare Widerstände

Bei vielen in der Elektrotechnik verwendeten Stoffen liegt ein nicht-linearer Zusammenhang zwischen Strom und Spannung vor. Für solche nicht-linearen Widerstände zeigt das Bild 1.6 als Beispiel die Strom-Spannungs-Kennlinie eines Halbleiterelementes.

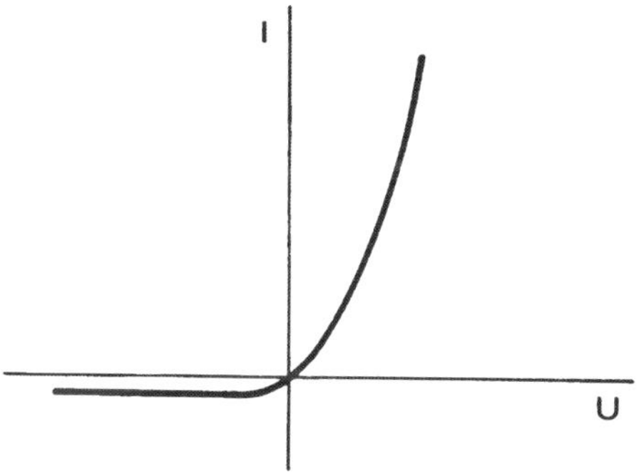

Bild 1.6 Strom-Spannungs-Diagramm eines nicht-linearen Widerstandes

Berechnung des Widerstandes für einen linienhaften Leiter

In der Elektrotechnik werden die Leiter überwiegend als Drähte verwendet. Bei diesen sind die Längenabmessungen sehr viel größer als die Querschnittsabmessungen. In diesem Fall ist der Widerstand des Leiters der Länge l direkt und dem Querschnitt A des Leiters umgekehrt proportional. Die Materialeigenschaften werden durch den spezifischen Widerstand ρ oder den spezifischen Leitwert κ berücksichtigt. Die Größe κ wird oft auch mit Leitfähigkeit bezeichnet.

$$R = \rho \frac{l}{A} = \frac{1}{\kappa} \cdot \frac{l}{A} \tag{1.17}$$

Aus praktischen Gründen wird als Einheit von κ oft $\frac{\mathrm{Sm}}{\mathrm{mm}^2}$ verwendet. Der spezifische Leitwert ist dann der Leitwert eines Leiterstückes von 1 m Länge und 1 mm^2 Querschnitt.

Die Tab. 1.4 enthält für eine Auswahl von Leiterwerkstoffen die Werte für den spezifischen Widerstand und die Leitfähigkeit.

Leiterwerkstoff	Leitfähigkeit κ_{20} $\vartheta = 20\,°C$	Spez. Widerstand ρ_{20} $\vartheta = 20\,°C$	Temperaturkoeffizient des Widerstandes α $\vartheta = 0\,°C \ldots 100\,°C$
	$\frac{Sm}{mm^2}$	$10^{-6}\,\Omega m$	$\frac{10^{-3}}{K}$
Aluminium, weich	36,0	0,0278	4,0
Kupfer, weich	57,1	0,0175	3,8
Kupfer für Leitungen	56,2	0,0178	3,92
Silber	60,6	0,0165	3,8

Tab. 1.4 Elektrische Eigenschaften metallischer Leiterwerkstoffe (Auswahl)

Temperaturabhängigkeit des spezifischen Widerstandes

Für Metalle und Metallegierungen gilt in einem Bereich in der Nähe der Raumtemperatur eine lineare Abhängigkeit des spezifischen Widerstandes von der Temperatur. In der Gleichung (1.18) wird die Temperatur in °C angegeben und eine Bezugstemperatur von 20 °C berücksichtigt:

$$\rho_\vartheta = \rho_{20}\,(1 + \alpha \cdot (\vartheta - 20\,°C)) \tag{1.18}$$

ϑ: Temperatur des Leiters
α: Temperaturkoeffizient des Widerstandes
ρ_{20}: Spezifischer Widerstand bei 20 °C

Werte für α können für verschiedene Leiterwerkstoffe der Tab. 1.4 entnommen werden.

Mitunter wird die Bezugstemperatur nicht zu 20 °C gewählt, sondern etwa zum Wert ϑ_1. Der dann vorhandene spezifische Widerstand sei ρ_1, der Widerstand R_1. Aus diesen Werten wird der spezifische Widerstand ρ_2 und der Widerstand R_2 bei der Temperatur ϑ_2 nach Gleichung (1.19) berechnet:

$$\frac{\rho_2}{\rho_1} = \frac{R_2}{R_1} = \frac{\vartheta_2 - 20\,°C + \frac{1}{\alpha}}{\vartheta_1 - 20\,°C + \frac{1}{\alpha}} \tag{1.19}$$

Da die Gleichung (1.19) aus (1.18) abgeleitet wurde, müssen auch hier die Temperaturwerte in °C eingesetzt werden.

Es sei nochmals darauf hingewiesen, daß die Gleichung (1.18) die Temperaturabhängigkeit des spezifischen Widerstandes nur in einem begrenzten Temperaturbereich wiedergibt. Sie gilt insbesondere dann nicht, wenn bei höheren Temperaturen Änderungen des Kristallaufbaus eintreten (Beispiel: Curie-Punkt bei Eisen) oder bei extrem niedriger Temperatur der physikalische Effekt der Supraleitung einsetzt.

Für die Verwendung bei Widerständen, die nur eine ganz geringe Temperaturabhängigkeit haben sollen, wurden Legierungen mit besonders niedrigen Temperaturkoeffizienten entwickelt.

Beispiele:

Manganin $\alpha = 0{,}01 \cdot 10^{-3} \frac{1}{K}$

Konstantan $\alpha = 0{,}03 \cdot 10^{-3} \frac{1}{K}$

1.3 Aufgaben zum Abschnitt 1

Aufgabe 1.31

Ein Drehmoment von 82 kpm ist in die Einheiten des MKSA-Systems zu überführen.

Aufgabe 1.32

Es sind folgende Umrechnungen vorzunehmen:

a) 86 kWh in die Einheit Ws

b) $445 \cdot 10^5 \frac{N}{m^2}$ in die Einheit $\frac{kp}{mm^2}$

Aufgabe 1.33

Bei einem Elektronenstrahl bewegen sich pro Nanosekunde zehn Millionen Elektronen durch den Strahlquerschnitt. Wie groß ist der Strom?

Aufgabe 1.34

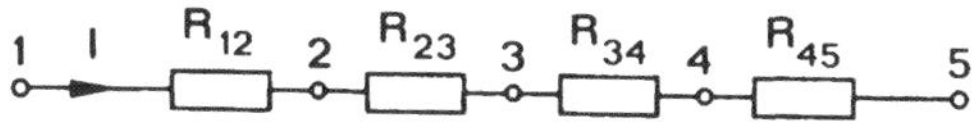

Ein Strom von 0,5 A durchfließt wie skizziert nacheinander vier gleiche Widerstände von je 10 Ω. Wie groß ist die Spannung an den Klemmen jeden Widerstandes?

Das Potential des Punktes 1 werde zu 0 V angenommen. Welches Potential haben die Punkte 2, 3, 4, 5?

Wie groß sind die Spannungen U_{24} und U_{53}?

Aufgabe 1.35

Wie ist die in einem Widerstand der Größe R umgesetzte Leistung zu berechnen, wenn über ihn der Strom I fließt oder wenn an seinen Klemmen die Spannung U liegt?

Aufgabe 1.36

Ein elektrischer Heizlüfter nimmt eine elektrische Leistung von 2 kW auf. Wie groß ist der Strom, wenn der Heizlüfter am 220 V-Netz betrieben wird?

Aufgabe 1.37

Ein Nebenwiderstand aus Manganin zur Strommessung besteht aus einem Blechstreifen 22 mm × 0,3 mm, der 119 mm lang ist. Es ist der Widerstand des Manganinstreifens zu berechnen.

$$\kappa = 2{,}38 \frac{\text{Sm}}{\text{mm}^2}$$

Aufgabe 1.38

Der Widerstand einer aus Kupferdraht gefertigten Wicklung einer elektrischen Maschine hat bei einer Temperatur von 40 °C den Wert 600 mΩ. Wie groß ist er bei 95 °C?

Lösungen der Aufgaben zu Abschnitt 1

Aufgabe 1.31

Der Tab. 1.2 ist zu entnehmen: 1 kp = 9,8 N
Damit: 82 kpm = 804 Nm

Aufgabe 1.32

a) $86 \text{ kWh} = 86 \cdot 10^3 \text{ W} \cdot 3600 \text{ s} = 309{,}6 \cdot 10^3 \text{ Ws}$

b) $445 \cdot 10^5 \frac{\text{N}}{\text{m}^2} = \frac{445 \cdot 10^5 \text{ kp}}{9{,}8 \cdot 10^6 \text{ mm}^2} = 4{,}55 \frac{\text{kp}}{\text{mm}^2}$

Aufgabe 1.33

Während der betrachteten Zeit (eine Nanosekunde) ist der Strom konstant:

$$I = \frac{\Delta Q}{\Delta t}; \qquad \Delta t = 10^{-9} \text{ s}$$

Da die Ladung eines Elektrons $1{,}602 \cdot 10^{-19}$ As beträgt:

$$\Delta Q = 10 \cdot 10^6 \cdot 1{,}602 \cdot 10^{-19}\ \text{As} = 1{,}602 \cdot 10^{-12}\ \text{As}$$

$$I = \frac{1{,}602 \cdot 10^{-12}\ \text{As}}{10^{-9}\ \text{s}} = 1{,}602\ \text{mA}$$

Aufgabe 1.34

Da alle Widerstände gleich groß sind und über sie derselbe Strom fließt, ist:

$$U_{12} = U_{23} = \ldots = I \cdot R_{12} = I \cdot R_{23} = \ldots = 0{,}5\ \text{A} \cdot 10\ \Omega = 5\ \text{V}$$

Die Spannung U_{12} ist die Potentialdifferenz zwischen den Punkten 1 und 2:

$$U_{12} = V_1 - V_2 \qquad \text{(s. Gleichung (1.7))}$$

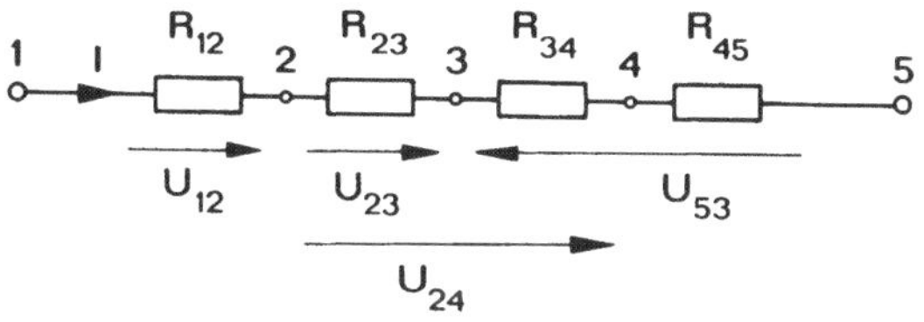

Mit $V_1 = 0$ wird $V_2 = -5$ V

Entsprechend:

$$V_3 = -10\ \text{V};\ \ V_4 = -15\ \text{V};\ \ V_5 = -20\ \text{V}$$

Die Spannung zwischen den Punkten 2 und 4, und zwar vom Punkt 2 zum Punkt 4:

$$U_{24} = V_2 - V_4 = -5\ \text{V} + 15\ \text{V} = +10\ \text{V}$$

Die Spannung zwischen den Punkten 5 und 3, und zwar vom Punkt 5 zum Punkt 3:

$$U_{53} = V_5 - V_3 = -20\ \text{V} + 10\ \text{V} = -10\ \text{V}$$

Aufgabe 1.35

Nach Gleichung (1.10) ist

$$P = U \cdot I$$

Der Widerstand R ist konstant. Deshalb gilt

$$R = U/I$$

Damit folgt aus (1.10)

$$P = I^2 \cdot R \quad \text{und} \quad P = U^2/R$$

Aufgabe 1.36

Aus der Gleichung (1.10) folgt:

$$I = \frac{P}{U}$$

Gegeben sind P = 2 kW und U = 220 V. Damit

$$I = 9{,}1\ \text{A}$$

Aufgabe 1.37

Der Widerstand ist nach der Gleichung (1.17) zu berechnen:

$$R = \rho \frac{l}{A}$$

Gegeben sind:

$$\kappa = \frac{1}{\rho} = 2{,}38\ \frac{\text{Sm}}{\text{mm}^2} \qquad l = 0{,}119\ \text{m} \qquad A = 6{,}6\ \text{mm}^2$$

$$R = \frac{0{,}119\ \text{m mm}^2}{2{,}38\ \text{Sm} \cdot 6{,}6\ \text{mm}^2} = 7{,}6 \cdot 10^{-3}\ \Omega$$

Aufgabe 1.38

Die Widerstandsänderung der Kupferwicklung ist mit der Gleichung (1.19) zu berechnen:

$$R_2 = R_1 \frac{(95\ °\text{C} - 20\ °\text{C}) + 264\ \text{K}}{(40\ °\text{C} - 20\ °\text{C}) + 264\ \text{K}} \qquad R_1 = 600\ \text{m}\Omega \quad \vartheta_1 = 40\ °\text{C}$$

$$R_2 = R_1 \frac{75\ \text{K} + 264\ \text{K}}{20\ \text{K} + 264\ \text{K}} \qquad \vartheta_2 = 95\ °\text{C} \quad \frac{1}{\alpha} = 264\ \text{K}$$

$$R_2 = 715\ \text{m}\Omega$$

2. Grundelemente in elektrischen Netzwerken

Die Zusammenschaltung verschiedener Elemente, wie Spannungsquellen und Widerstände wird im einfachen Fall **elektrischer Stromkreis** oder allgemeiner **elektrisches Netzwerk** genannt. Dabei ist daran gedacht, daß die Elemente untereinander durch widerstandsfreie Leitungen verbunden sind. In diesem Abschnitt werden die Eigenschaften der wichtigsten Elemente in elektrischen Netzwerken erläutert.

2.1 Spannungen und Ströme

Spannungen und Ströme sind in der Elektrotechnik meist von der Zeit abhängig. Zur Beschreibung der Zeitabhängigkeit wird von verschiedenen Definitionen Gebrauch gemacht:

Gleichgrößen:

Innerhalb des Beobachtungszeitraumes sind keine Veränderungen meßbar. Dabei muß über die Meßgenauigkeit, mit der diese Größe im Beobachtungszeitraum überprüft wird, etwas ausgesagt werden.

Gleichgrößen sollen mit großen Buchstaben bezeichnet werden.

Beispiel: $I = \text{konst.}$

Zeitveränderliche Größen, Zeitfunktionen:

Im Gegensatz zu den Gleichgrößen liegt eine Abhängigkeit der elektrischen Größe von der Zeit vor. Diese Größen werden mit kleinen Buchstaben gekennzeichnet.

Beispiel: $i(t)$ oder kurz i

Von der großen Vielfalt der Zeitfunktionen seien die folgenden als Beispiele zusammengestellt, die in der Elektrotechnik häufig vorkommen:

Schaltfunktion:

Die unstetige Funktion, die beim Einschalten von Geräten auftritt, wird Schaltfunktion genannt. Das Bild 2.1 zeigt ihren Zeitverlauf, die Gleichung (2.1) ihre mathematische Formulierung

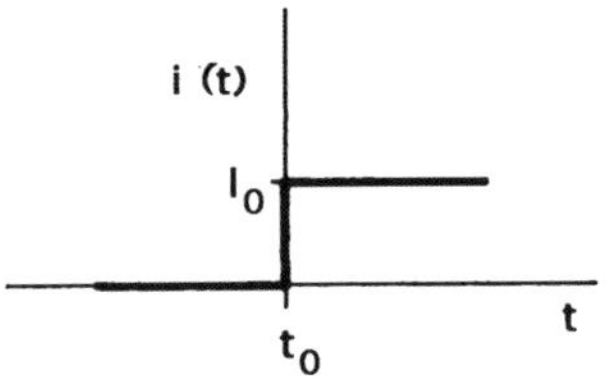

Bild 2.1 Zeitverlauf der Schaltfunktion

$$t < t_0 \qquad i(t) = 0 \tag{2.1}$$

$$t > t_0 \qquad i(t) = I_0$$

Periodische Funktion:

Die periodische Funktion ist dadurch gekennzeichnet, daß sich in ihrem Zeitverlauf Funktionswerte in gleichbleibenden Zeitabständen wiederholen. Die mathematische Formulierung dieser Eigenschaft lautet:

$$i(t) = i(t + n\,T) \qquad n = 1, 2, 3, \ldots \tag{2.2}$$

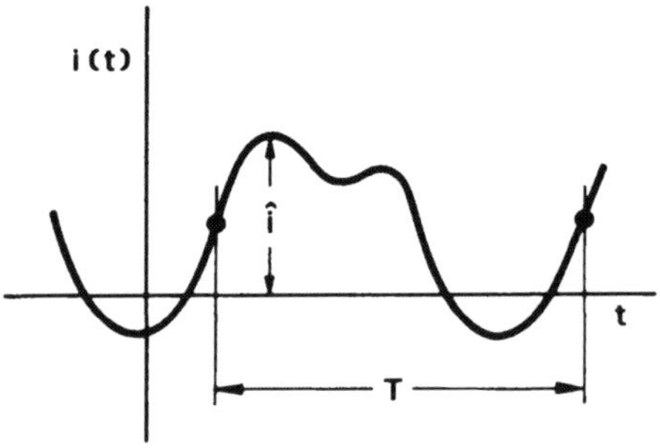

Bild 2.2 Zeitverlauf einer periodischen Funktion

Das Bild 2.2 zeigt den Zeitverlauf einer periodischen Funktion. Die wichtigsten zu ihrer Beschreibung notwendigen Bestimmungsgrößen sind:

T Periodendauer

f Frequenz $\quad f = \frac{1}{T}$ (2.3)

ω Kreisfrequenz $\quad \omega = 2\pi \cdot f$ (2.4)

î Scheitelwert

i Augenblickswert

Harmonische Größen:

Besondere Bedeutung haben in der Elektrotechnik die harmonischen Größen. Darunter wird eine Zeitabhängigkeit entsprechend den Winkelfunktionen verstanden.

Beispiel: Spannung mit sinusförmigem Zeitverlauf

$$u(\omega t) = \hat{u} \sin(\omega t + \phi_u) \quad (2.5)$$

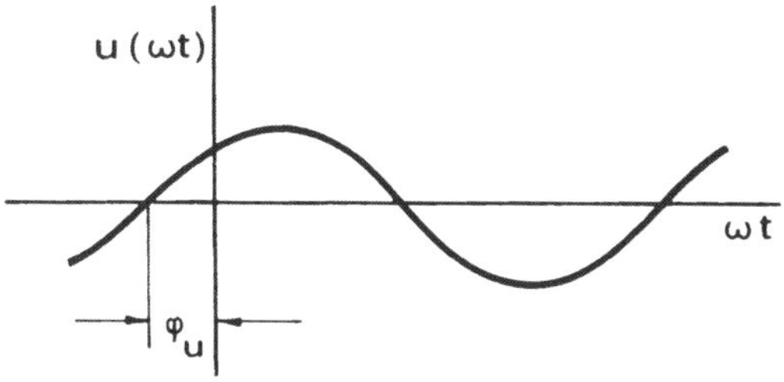

Bild 2.3 Spannung mit sinusförmigem Zeitverlauf

Im Bild 2.3 wurde für die Abszissenachse nicht die Zeit gewählt, sondern das Produkt ωt. Dieses stellt das Argument der Winkelfunktion dar und wird in den Einheiten des Bogenmaßes ausgedrückt.

Mit dem Winkel ϕ_u ist der Winkel zwischen der Bezugsachse und dem Nulldurchgang der Funktion von negativen zu positiven Funktionswerten bezeichnet. Ein solcher Differenzwinkel wird oft als Phasenwinkel bezeichnet.

Nach *Fourier* läßt sich jede periodische Zeitfunktion in eine Reihe entwickeln, deren Glieder harmonische Zeitfunktionen sind. Die Kreisfrequenzen dieser Zeitfunktionen sind ganzzahlige Vielfache einer Grundfrequenz:

$$i(\omega t) = I_0 + \hat{\imath}_1 \sin(\omega t + \phi_1) + \hat{\imath}_2 \sin(2\omega t + \phi_2) + \hat{\imath}_3 \sin(3\omega t + \phi_3) \ldots \quad (2.6)$$

Beispiele für harmonische Reihen:

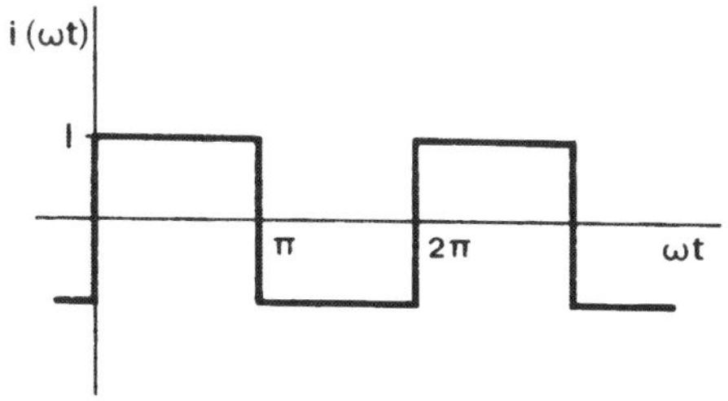

Bild 2.4 Zeitverlauf eines „Rechteckstromes"

$$\frac{i(\omega t)}{I} = \frac{4}{\pi}\left(\sin \omega t + \frac{1}{3} \sin 3\omega t + \frac{1}{5} \sin 5\omega t + \ldots\right) \quad (2.7)$$

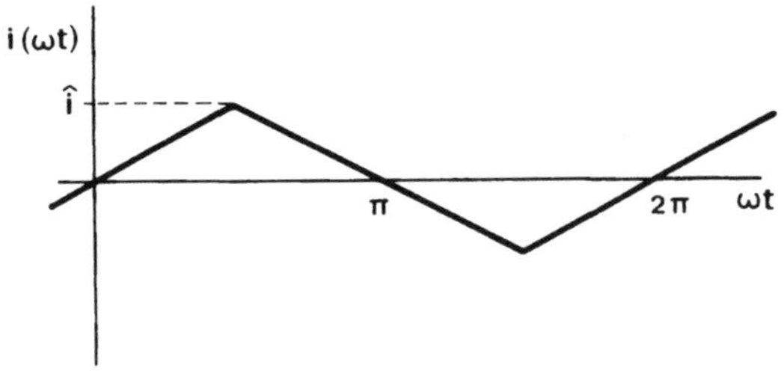

Bild 2.5 Zeitverlauf eines „Dreieckstromes“

$$\frac{i(\omega t)}{\hat{i}} = \frac{8}{\pi^2} \left(\sin \omega t - \frac{1}{3^2} \sin 3\omega t + \frac{1}{5^2} \sin 5\,\omega t - + \ldots\right) \tag{2.8}$$

Bei vielen Problemen der technischen Anwendung periodischer Funktionen ist es nicht notwendig, den gesamten Zeitverlauf hinzuschreiben. Es genügt dann, die Intensität der Größe durch einen ausgewählten Betrag, etwa durch den Scheitelwert, zu kennzeichnen. Weil dieser im allgemeinen schlecht meßbar ist, werden andere Werte zur Kennzeichnung der Intensität periodischer Größen definiert:

Arithmetischer Mittelwert $\overline{U}$:

$$\overline{U} = \frac{1}{T} \cdot \int_0^T u(t)\,dt \tag{2.9}$$

Gleichrichtmittelwert $\overline{|U|}$:

$$\overline{|U|} = \frac{1}{T} \cdot \int_0^T |u(t)|\,dt \tag{2.10}$$

Unter Gleichrichtmittelwert ist der zeitliche lineare Mittelwert der Beträge der Zeitfunktion zu verstehen.

Der arithmetische Mittelwert wird zur Definition des Begriffes **Wechselgröße** verwendet:

> Unter einer **Wechselgröße** soll eine solche zeitveränderliche Größe verstanden werden, deren arithmetischer Mittelwert den Wert Null hat.

Zeitveränderliche Größen, bei denen $\overline{U} \neq 0$, werden **wellige Größen** oder **Mischgrößen** genannt.

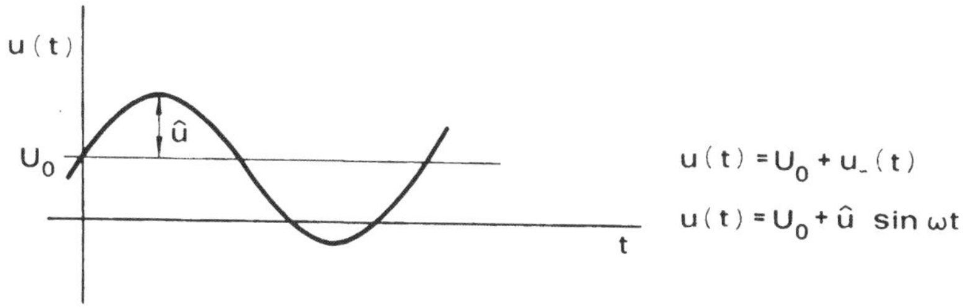

Bild 2.6 Beispiel einer welligen Größe

Ein weiterer, wichtiger Mittelwert ist so definiert, daß er hinsichtlich des Leistungsumsatzes in einem Widerstand eine periodische Größe mit einer Gleichgröße vergleichbar macht.

Leistung eines Gleichstromes im Widerstand R:

$$P = I^2 \cdot R$$

Leistung eines periodischen Stromes im Widerstand R:

$$P = \frac{1}{T} \int_0^T i^2(t) \cdot R \, dt$$

Aus der Gleichheit der beiden Leistungen ergibt sich die Definition:

$$I = \sqrt{\frac{1}{T} \int_0^T i^2(t) \, dt} \tag{2.11}$$

Dieser quadratische Mittelwert heißt **Effektivwert.**

Für den Fall eines sinusförmigen Stromes $i(t) = \hat{\imath} \sin \omega t$ gilt:

$$I = \frac{1}{\sqrt{2}} \hat{\imath} = 0{,}707 \, \hat{\imath} \tag{2.12}$$

2.2 Aktive Netzwerkselemente, aktive Zweipole

Netzwerkselemente, die im Mittel elektrische Leistung abgeben, werden als **aktive Elemente** bezeichnet. Dementsprechend heißen Netzwerkselemente, die im Mittel elektrische Leistung aufnehmen, **passive Elemente.**

Einfache Elemente – Grundelemente – besitzen zwei Anschlußklemmen oder Pole und werden deshalb auch **Zweipole** genannt.

Bei den aktiven Zweipolen sind „Spannungsquellen" und „Stromquellen" zu unterscheiden. Es sollen zunächst die idealisierten Typen dieser Quellen betrachtet werden.

Ideale Spannungsquelle (Konstantspannungs-Generator)

Die ideale Spannungsquelle hält, unabhängig von ihrem Strom, eine konstante Spannung zwischen ihren Klemmen. Physikalisch bedeutet das, daß sie immer so viele Ladungsträger an ihren Klemmen zur Verfügung stellt, wie für eine konstante Spannung auch bei unterschiedlicher Ladungsträgerentnahme notwendig sind.

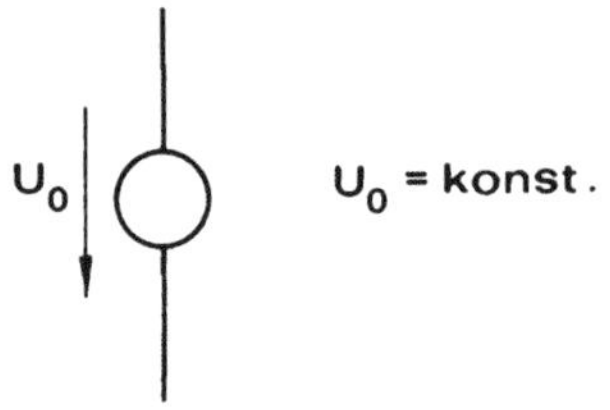

Bild 2.7 Schaltbild für eine ideale Spannungsquelle

Ideale Stromquelle (Konstantstrom-Generator)

Die ideale Stromquelle liefert einen konstanten Strom unabhängig von der sich an den Klemmen ergebenden Spannung. Es wird von ihr pro Zeiteinheit eine konstante Anzahl Ladungsträger erzeugt.

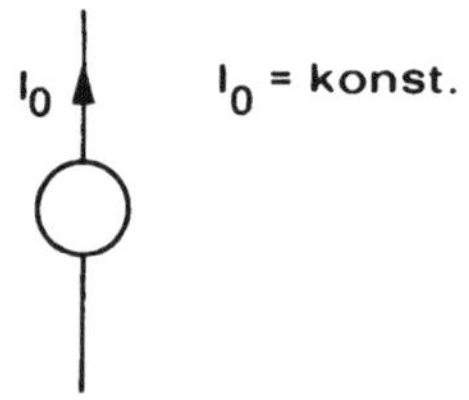

Bild 2.8 Schaltbild für eine ideale Stromquelle

Im Bild 2.9 sind im I-U-Diagramm die Kennlinien der beiden idealen Quellen dargestellt.

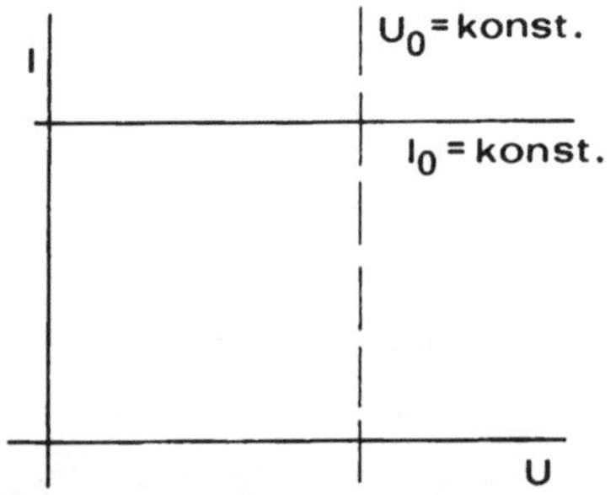

Bild 2.9 Kennlinien einer idealen Strom- und einer idealen Spannungsquelle im Strom-Spannungs-Diagramm

Technische Spannungs- und Stromquellen haben gegenüber den idealen Quellen mehr oder weniger abweichende Eigenschaften.

2.3 Leistung bei zeitveränderlichen Größen

Sind Strom und Spannung an einem System zeitveränderliche Größen (i(t), u(t)), so ist auch die Leistung, entsprechend der Beziehung (1.11) aus dem Abschn. 1.2, eine Funktion der Zeit.

$$p(t) = u(t) \cdot i(t)$$

Das Bild 2.10 erläutert an einem Beispiel die Ermittlung der Leistung bei periodisch zeitveränderlichen Größen für Strom und Spannung.

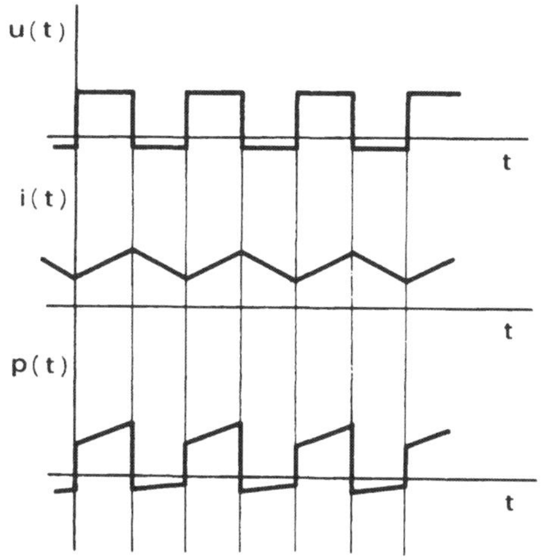

Bild 2.10 Leistung bei periodisch zeitveränderlichen Größen für Strom- und Spannung

Der Augenblickswert der Leistung p(t) ergibt sich aus der Multiplikation der Augenblickswerte von Strom und Spannung. Dabei können, wie das Beispiel zeigt, negative Augenblickswerte der Leistung auftreten. Im allgemeinen werden die Vorzeichen so gewählt, daß positive Leistungen einen Energietransport von der Quelle zum Verbraucher darstellen. Entsprechend bezeichnen dann negative Leistungen einen Energietransport vom Verbraucher zur Quelle.

Für den Verbraucher ist meist nicht der Zeitverlauf der Leistung interessant, sondern die im Mittel umgesetzte Leistung. Diese ist aus (1.11) zu gewinnen, indem der arithmetische Mittelwert gebildet wird:

$$\overline{P} = \frac{1}{T} \int_0^T p(t)\,dt \tag{2.13}$$

Dieser arithmetische Mittelwert über eine Periode der Augenblickswerte wird mit dem Begriff **Wirkleistung** gekennzeichnet.

2.4 Passive Netzwerkselemente

Netzwerkselemente, die im Mittel elektrische Leistung aufnehmen, werden als passive Elemente bezeichnet. Grundelemente besitzen zwei Anschlußklemmen oder Pole und werden deshalb auch **Zweipole** genannt.

Grundelement Idealer Widerstand

Das Bild 2.11 zeigt das Schaltbild für einen ideal angenommenen Widerstand mit den Symbolen u für die Spannung zwischen den Anschlußklemmen des Elementes und i für den Strom durch das Element.

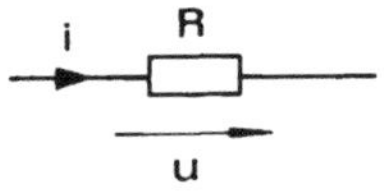

Bild 2.11 Schaltbild eines ohmschen Widerstandes

Kennzeichen dieses idealen Widerstandes ist, daß das ohmsche Gesetz gilt (R = konst.). Widerstände dieser Art werden deshalb auch ohmsche Widerstände genannt. Der Zusammenhang zwischen dem Strom i im Widerstand und der Spannung u an den Klemmen des Widerstandes folgt aus der Gültigkeit des ohmschen Gesetzes:

$$u = R \cdot i \tag{2.14}$$

Als Beispiel soll die Spannung am Widerstand berechnet werden, wenn ein sinusförmiger Strom fließt. Dargestellt mit Zeitfunktionen lautet der Strom:

$$i = \hat{\imath} \sin \omega t = \sqrt{2} \cdot I \sin \omega t \tag{2.15}$$

und die Spannung am Widerstand

$$u = i \cdot R = \sqrt{2} \cdot I \cdot R \cdot \sin \omega t = \sqrt{2} \cdot U \cdot \sin \omega t \tag{2.16}$$

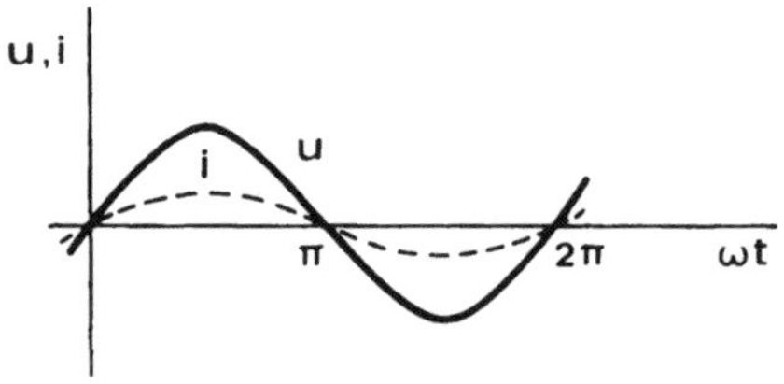

Bild 2.12 Zeitverlauf von Strom i und Spannung u bei einem ohmschen Widerstand (sinusförmige Größen)

Im Bild 2.12 sind die Gleichungen (2.15) und (2.16) dargestellt. Dieses Liniendiagramm zeigt, daß Strom und Spannung am ohmschen Widerstand „in Phase" sind, d. h. daß der Phasenwinkel zwischen ihnen den Wert Null hat.

Grundelement ideale Drosselspule

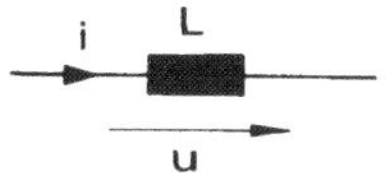

Bild 2.13 Schaltbild einer idealen Drosselspule

Das Bild 2.13 zeigt das Schaltbild eines weiteren Grundelementes. An ihm sind Strom i und Klemmenspannung u nach der Gleichung (2.17) miteinander verknüpft.

$$u = L \frac{di}{dt} \qquad (2.17)$$

Dieses Grundelement ist eine ideale **Drosselspule**. Der Faktor L in Gleichung (2.17) ist die Bemessungsgröße für Drosselspulen und heißt **Induktivität**.

$$\text{Einheit (Henry):} \quad \frac{1\ \text{V}}{1\ \text{A/s}} = 1\ \frac{\text{Vs}}{\text{A}} = 1\ \text{H} \qquad (2.18)$$

Diejenige Drosselspule besitzt die Größe 1 Henry, an deren Klemmen 1 Volt Spannung liegt, wenn der Strom in der Drosselspule sich mit 1 Ampere pro Sekunde ändert.

Als Beispiel soll die Spannung an der idealen Drosselspule berechnet werden, wenn ein sinusförmiger Strom fließt. Dieser Strom ist zu schreiben:

$$i = \hat{\imath} \cdot \sin \omega t = \sqrt{2} \cdot I \sin \omega t \qquad (2.15)$$

Die Spannung lautet dann:

$$u = L \cdot \frac{di}{dt} = L \cdot \sqrt{2} \cdot I \cdot \omega \cdot \cos \omega t = \sqrt{2} \cdot I \cdot \omega L \cos \omega t \qquad (2.19)$$
$$= \sqrt{2} \cdot U \cdot \cos \omega t$$

Im Bild 2.14 sind die den Gleichungen (2.15) und (2.19) entsprechenden Zeitverläufe von Strom und Spannung dargestellt.

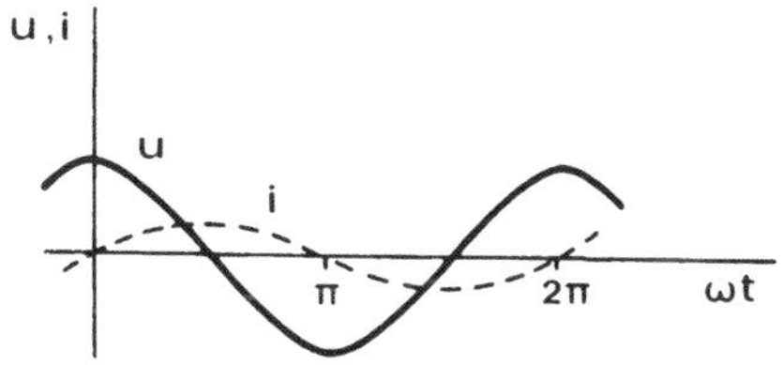

Bild 2.14 Zeitverlauf von Strom i und Spannung u bei einer idealen Drosselspule (sinusförmige Größen)

Es zeigt sich, daß sowohl Strom als auch Spannung sinusförmig sind und daß bei der Drosselspule der Strom gegenüber der Spannung um 90° **nacheilt.**

Grundelement idealer Kondensator

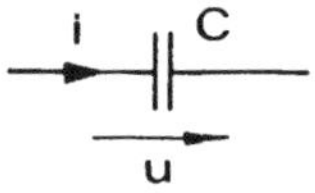

Bild 2.15 Schaltbild eines idealen Kondensators

Das Bild 2.15 zeigt das Schaltbild des Grundelementes idealer **Kondensator.** Kondensatorstrom i und Klemmenspannung u sind nach der Gleichung (2.20) miteinander verknüpft.

$$i = C \frac{du}{dt} \tag{2.20}$$

Der Faktor C in Gleichung (2.20) ist die Bemessungsgröße für Kondensatoren und heißt **Kapazität.**

$$\text{Einheit (Farad):} \quad \frac{1\ \text{A}}{1\ \text{V/s}} = 1\ \frac{\text{As}}{\text{V}} = 1\ \text{F} \tag{2.21}$$

Ein Kondensator hat dann die Größe 1 Farad, wenn ein durch ihn fließender Strom von 1 Ampere eine Spannungsänderung von 1 Volt pro Sekunde hervorruft.

Als Beispiel soll wieder die Spannung am Kondensator berechnet werden, für den Fall, daß der Strom sinusförmig ist.

$$i = \hat{i} \sin \omega t = \sqrt{2} \cdot I \sin \omega t$$

$$u = \frac{1}{C} \int i\, dt = \frac{\sqrt{2} \cdot I}{\omega C} (-\cos \omega t) = \sqrt{2} \cdot U (-\cos \omega t) \tag{2.22}$$

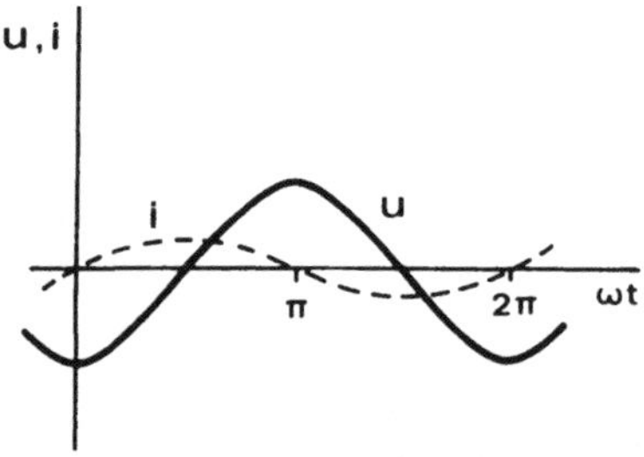

Bild 2.16 Zeitverlauf von Strom i und Spannung u bei einem idealen Kondensator (sinusförmige Größen)

Wiederum sind sowohl Strom als auch Spannung sinusförmig. Die Darstellung der Zeitverläufe in Bild 2.16 zeigt außerdem, daß beim Kondensator der Strom gegenüber der Spannung um 90° **voreilt.**

2.5 Aufgaben zum Abschnitt 2

Aufgabe 2.51

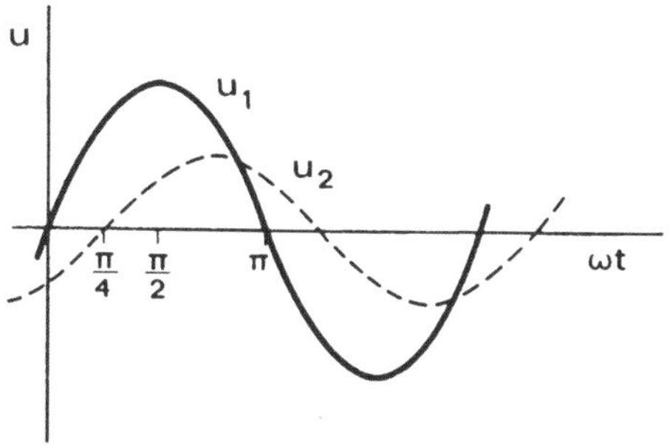

Zwei Spannungen mit sinusförmigem Zeitverlauf und gleicher Frequenz haben – wie skizziert – einen Phasenunterschied von $\frac{\pi}{4}$.

Wie lauten die Zeitfunktionen für diese Spannungen? Die Frequenz sei 5 kHz. Wie groß ist die Periodendauer? Welche Zeit vergeht zwischen gleichen Nulldurchgängen dieser Spannungen?

Aufgabe 2.52

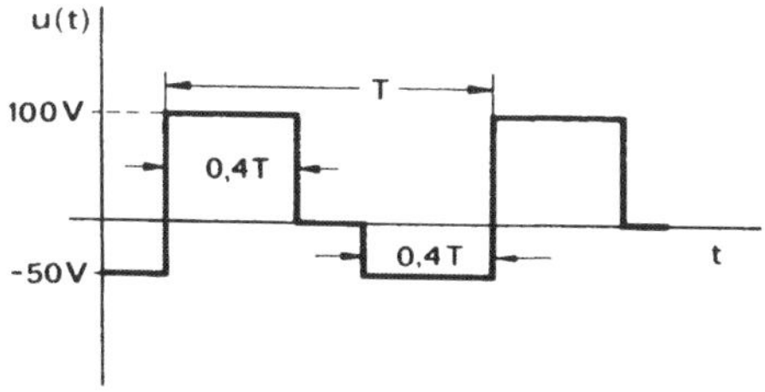

Vom skizzierten Zeitverlauf einer Spannung ist der arithmetische Mittelwert $\overline{U}$ und der Effektivwert U zu berechnen.

Aufgabe 2.53

Gegeben ist eine periodische Sägezahnfunktion mit der Periodendauer T = 20 ms. Der Strom i steigt während der Periodendauer linear von i = 0 bis $i = \hat{i} = 3$ A an und springt auf den Wert i = 0 zurück. Es sind der Mittelwert $\overline{I}$ und der Effektivwert I zu berechnen.

Aufgabe 2.54

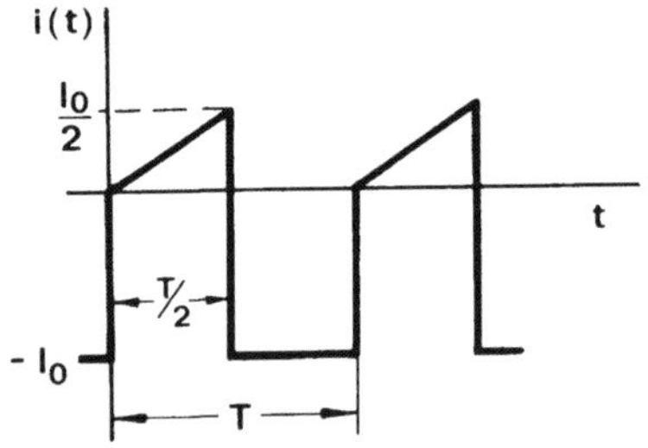

Der arithmetische Mittelwert $\overline{I}$ und der Effektivwert I sind zu berechnen.

Aufgabe 2.55

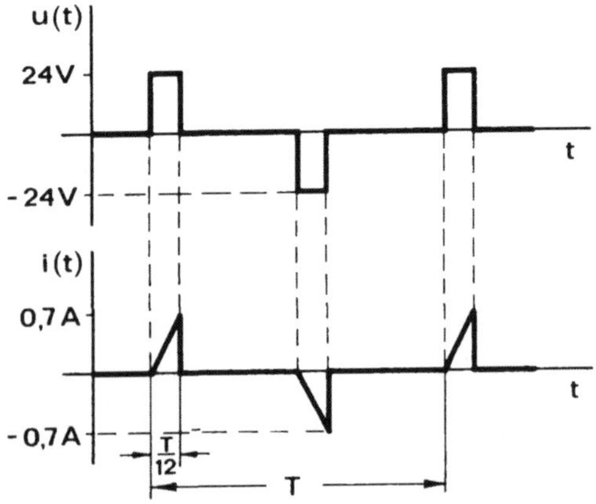

Spannung und Strom einer Impulsspannungsquelle zeigen den dargestellten Zeitverlauf. Welche Wirkleistung gibt die Quelle ab?

Aufgabe 2.56

Für den Spezialfall, daß u und i sinusförmige Größen sind, soll die Wirkleistung berechnet werden.

$$u(t) = \sqrt{2} \cdot U \cdot \sin(\omega t + \phi_u)$$

$$i(t) = \sqrt{2} \cdot I \cdot \sin(\omega t + \phi_i)$$

Aufgabe 2.57

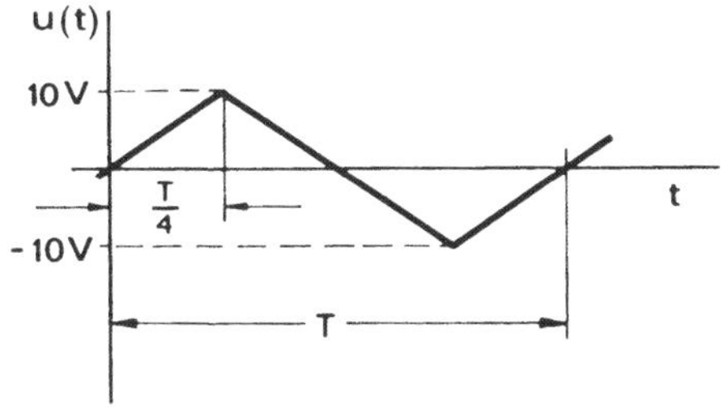

An den Klemmen eines idealen Kondensators C liegt eine Spannung u(t) mit dem skizzierten Zeitverlauf.

$$f = 1\ \text{kHz},\ C = 1\ \mu\text{F}$$

Wie sieht der Zeitverlauf des Stromes i(t) aus und wie groß ist der Maximalwert von i?

Aufgabe 2.58

Eine verlustfreie, vorher stromlose Induktivität (L = 1 mH) wird zum Zeitpunkt t = 0 an eine konstante Spannung 1 V gelegt.
Wie groß ist der Strom i in der Spule nach 10 μs?

Aufgabe 2.59

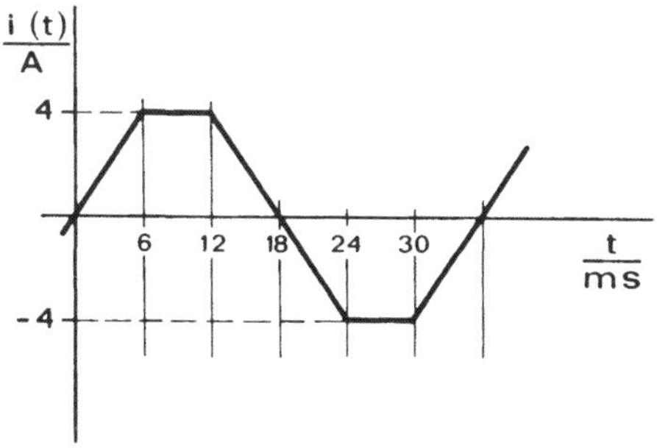

Durch eine Drosselspule von L = 1 mH fließt der gezeichnete Strom.
Wie sieht der Zeitverlauf der Spannung aus und wie groß ist û?

Lösungen der Aufgaben zum Abschnitt 2

Aufgabe 2.51

Zeitfunktionen:

$$u_1 = \hat{u}_1 \cdot \sin \omega t$$

$$u_2 = \hat{u}_2 \sin (\omega t - \frac{\pi}{4})$$

Periodendauer:

$$T = \frac{1}{f}; \quad f = 5\ \text{kHz}$$

$$T = 0{,}2\ \text{ms}$$

Aus der Skizze geht hervor, daß der Winkel zwischen gleichen Nulldurchgängen $\frac{\pi}{4}$ beträgt. Hieraus wird die Zeit zwischen diesen Nulldurchgängen berechnet:

$$\omega t_0 = \frac{\pi}{4}; \quad \omega = 31{,}4 \cdot 10^3\ \text{s}^{-1}$$

$$t_0 = \frac{\pi}{4 \cdot 31{,}4 \cdot 10^3}\ \text{s} = 25\ \mu\text{s}$$

Aufgabe 2.52

Arithmetischer Mittelwert $\overline{U}$ nach Gleichung (2.9)

$$\overline{U} = \frac{1}{T} \int_0^T u(t)\, dt = \frac{1}{T} \int_0^{0{,}4T} 100\text{V}\, dt + \frac{1}{T} \int_{0{,}4T}^{0{,}6T} 0\, dt + \frac{1}{T} \int_{0{,}6T}^{T} (-50\text{V})\, dt$$

$$\overline{U} = \frac{1}{T} (100\ \text{V} \cdot 0{,}4\ \text{T} - 50\ \text{V} \cdot 0{,}4\ \text{T}) = 20\ \text{V}$$

Effektivwert U nach Gleichung (2.11)

$$U = \sqrt{\frac{1}{T} \int_0^T u^2(t)\, dt}$$

$$U = \sqrt{\frac{1}{T} (10^4\ \text{V}^2 \cdot 0{,}4\ \text{T} + 2{,}5 \cdot 10^3\ \text{V}^2 \cdot 0{,}4\ \text{T})} = 70{,}7\ \text{V}$$

Aufgabe 2.53

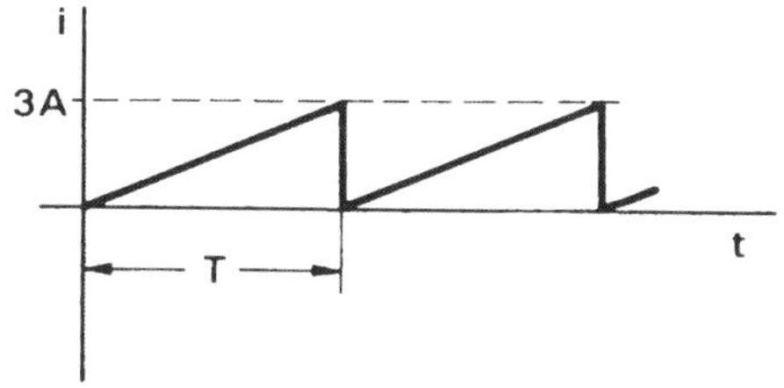

Der beschriebene Zeitverlauf des Stromes ist wie darüberstehend zu skizzieren.
Zeitfunktion:

$$i(t) = \frac{\hat{i}}{T} \cdot t \qquad \text{für } 0 < t < T$$

Arithmetischer Mittelwert:

$$\overline{I} = \frac{1}{T} \int_0^T i(t)\,dt = \frac{\hat{i}}{T^2} \cdot \frac{1}{2} t^2 \Big/_0^T = \frac{\hat{i}}{2} = 1{,}5 \text{ A}$$

Effektivwert I:

$$I^2 \cdot T = \int_0^T i^2(t)\,dt = \frac{\hat{i}^2}{T^2} \cdot \frac{1}{3} t^3 \Big/_0^T$$

$$I = \hat{i} \cdot \frac{1}{\sqrt{3}} = 1{,}73 \text{ A}$$

Aufgabe 2.54

$$\overline{I} = -0{,}375 \cdot I_0; \qquad I = 0{,}736 \cdot I_0$$

Aufgabe 2.55

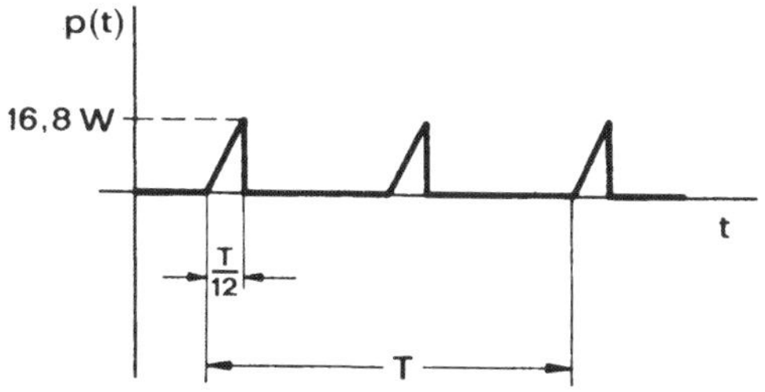

Aus dem Zeitverlauf von Strom und Spannung ergibt sich der skizzierte Zeitverlauf der Leistung.

Wirkleistung:

$$P = \frac{1}{T} \int_0^T p(t)\, dt$$

$$P = \frac{1}{T} \cdot 2 \cdot \frac{16{,}8\ \mathrm{W}}{T} \cdot 12 \cdot \frac{1}{2} \cdot t^2 \Big/_0^{\frac{T}{12}} = 1{,}4\ \mathrm{W}$$

Aufgabe 2.56

Entsprechend der Beziehung (1.11) wird der Zeitverlauf der Leistung ermittelt:

$$p(t) = 2\, U\, I \sin(\omega t + \phi_u) \cdot \sin(\omega t + \phi_i)$$

$$p(t) = U\, I \cos(\phi_u - \phi_i) - \cos(2\omega t + \phi_u + \phi_i)$$

Die Wirkleistung $\overline{P}$ ergibt sich nach (2.13):

$$\overline{P} = \frac{1}{T} \int_0^T p(t)\, dt = U\, I \cos(\phi_u - \phi_i)$$

Der Winkel $(\phi_u - \phi_i)$ ist der Phasenunterschied zwischen Spannung und Strom oder die Phasenverschiebung zwischen Spannung und Strom.

Aufgabe 2.57

Der Strom i (t) ist nach der Gleichung (2.20)

$$i = C\, \frac{du}{dt}$$

zu berechnen. Damit ergibt sich der skizzierte Zeitverlauf i (t). Da der Betrag des Anstiegs der Spannung in den Halbperioden gleich ist, hat der Strom in diesen denselben Betrag.

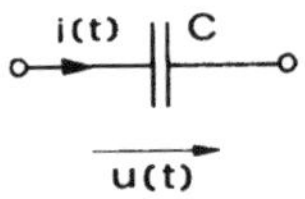

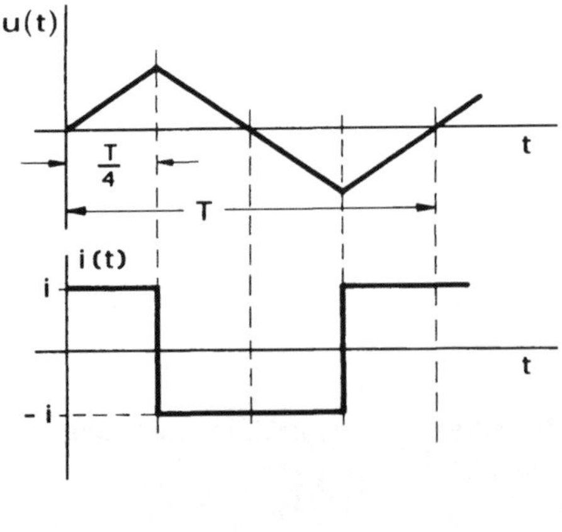

Für $0 < t < \frac{T}{4}$ gilt: $u(t) = \frac{4\,\hat{u}}{T} \cdot t$

$$i(t) = C\,\frac{du(t)}{dt} = C\,\frac{4\,\hat{u}}{T} = \hat{\imath}$$

$$\hat{\imath} = 10^{-6}\,\frac{As}{V} \cdot 4 \cdot 10\,V \cdot 10^{3}\,s^{-1} = 40\,mA$$

Aufgabe 2.58

Entsprechend der Gleichung (2.17) $u = L\,\frac{di}{dt}$ steigt der Strom in der idealen Drosselspule zeitlinear an, wenn an den Klemmen eine konstante Spannung liegt.

Aus Gleichung (2.17) folgt allgemein:

$$i(t) = \frac{1}{L} \int u(t)\,dt$$

Der Strom nach einer bestimmten Zeit ergibt sich daraus:

$$i(t_1) = \frac{1}{L} \int_0^{t_1} u(t)\,dt + I_0$$

Im Beispiel ist

$$t_1 = 10\,\mu s, \quad I_0 = 0, \quad L = 10^{-3}\,\frac{Vs}{A}$$

und

$$u(t) = \text{konst} = 1\,V$$

Damit

$$i(t_1) = 10^{3}\,\frac{A}{Vs} \cdot 1\,V \cdot 10 \cdot 10^{-6}s = 10\,mA$$

Aufgabe 2.59

Der Zeitverlauf der Spannung ergibt sich aus (2.17).

Für $0 < t < 6$ ms gilt $u(t) = \hat{u} = \text{konst.}$

$$\hat{u} = L\,\frac{\Delta i}{\Delta t}; \quad \Delta i = 4\,A; \quad \Delta t = 6\,ms$$

$$\hat{u} = 10^{-3}\,H\,\frac{4A}{6ms} = 0{,}67\,V$$

Für 6 ms $< t <$ 12 ms: $u(t) = 0$

Für 12 ms $< t <$ 24 ms: $u(t) = \text{konst}$

$$\Delta i = -8\,A; \quad \Delta t = 12\,ms$$

$$\hat{u} = -0{,}67\,V$$

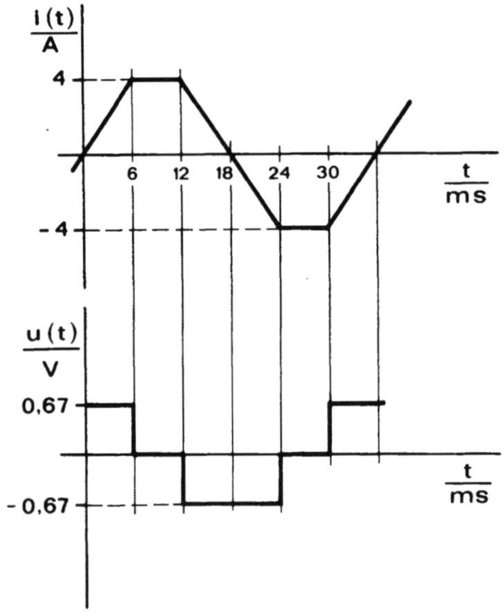
i(t)/A
4
-4
6
12
18
24
30
t/ms
u(t)/V
0,67
-0,67
t/ms

3. Grundgesetze elektrischer Netzwerke

In diesem Abschnitt werden die für elektrische Netzwerke gültigen Grundgesetze erläutert und aus diesen einige Regeln abgeleitet, mit denen die Berechnung elektrischer Netzwerke erleichtert wird. Im allgemeinen ist die Aufgabenstellung so, daß die Eigenschaften der aktiven und passiven Elemente des Netzwerkes bekannt sind und daß die Ströme im Netzwerk zu berechnen sind.

3.1 Vorbemerkungen

Das Bild 3.1 zeigt das Schaltbild eines einfachen Netzwerkes mit zwei aktiven (U_{01}, U_{02}) und drei passiven Zweipolen (R_1, R_2, R_3).

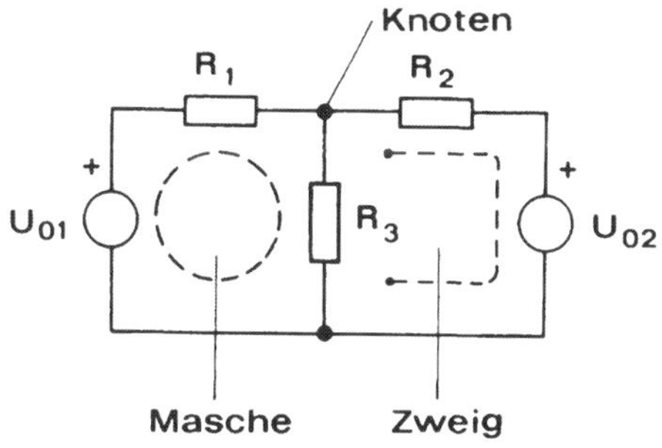

Bild. 3.1 Beispiel eines einfachen elektrischen Netzwerkes

Innerhalb eines Netzwerkes stellt eine Kette von Zweipolen, die alle vom selben Strom durchflossen werden, einen **Zweig** dar. Ein **Knoten** ist der Verbindungspunkt mehrerer Zweige. Eine in sich geschlossene Kette von Zweigen wird **Masche** genannt.

Um den elektrischen Zustand eines Netzes zu beschreiben, sind für alle Spannungen und Ströme sogenannte **Zählpfeile** einzuführen. Der Zählpfeil für einen Strom in einem Zweig bezeichnet die für diesen Zweigstrom positiv angenommene Richtung. Der Zählpfeil für die Spannung zwischen zwei Punkten des Netzes bezeichnet die positiv angenommene Richtung der Spannung zwischen diesen Punkten.

Grundsätzlich könnten diese Zählpfeile willkürlich gewählt werden. Hier soll eine Regel – das Verbraucher-Zählpfeilsystem – aufgestellt und ausschließlich verwendet werden. Ist die Stromrichtung in einem Zweig bekannt, z. B. durch eine Stromquelle, dann wird die Bewegungsrichtung der positiven Ladungsträger als positive Stromrichtung verwendet. Eine Spannungsquelle wird dann positiv gezählt, wenn sie in passiven Elementen, die außen an ihre Klemmen angeschlossen sind, einen positiven Strom von ihrer Plus-Klemme zu ihrer Minus-Klemme treibt. Dieser Festlegung liegt zugrunde, daß die in einem passiven Zweipol (Verbraucher) umgesetzte elektrische Leistung positiv gezählt wird. (vergl. Abschnitt 1.2)

Für den aus einem aktiven Zweipol (Erzeuger) und aus einem passiven Zweipol (Verbraucher) bestehenden, einfachen Stromkreis bringt die Anwendung des Verbraucher-Zählpfeil-Systems die im Bild 3.2 eingezeichneten Zählrichtungen.

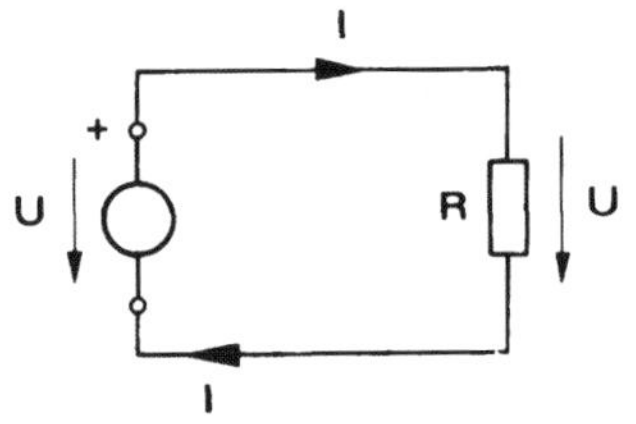

Bild 3.2 Zählpfeile für Spannung und Strom in einem einfachen Stromkreis

Es ist bei diesem Zählsystem zu beachten, daß am Verbraucher Spannung und Strom dieselbe Richtung haben und am Erzeuger entgegengesetzt gerichtet sind.

Das Bild 3.3 zeigt als Beispiel ein Netzwerk mit eingetragenen Zählpfeilen. Die Spannungsrichtungen können nach der angegebenen Regel eingezeichnet werden. Die Stromrichtungen müssen zunächst willkürlich gewählt werden. Sollte in diesem Beispiel die Rechnung nur positive Zahlenwerte für die Ströme liefern, so heißt das, daß nur die linke Spannungsquelle elektrische Energie abgibt. Die rechte „Quelle" arbeitet in diesem berechneten Betriebszustand als Verbraucher.

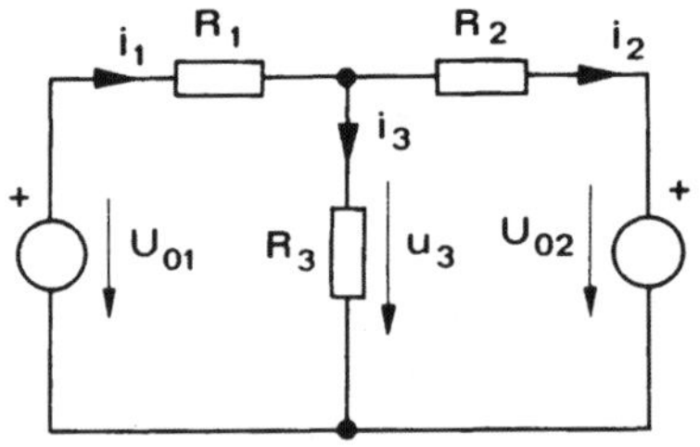

Bild 3.3 Netzwerk nach Bild 3.1 mit eingetragenen Zählpfeilen

3.2 Kirchhoffsche Sätze

Die für elektrische Netzwerke geltenden Grundgesetze wurden von dem Physiker *Robert Kirchhoff* aufgestellt.

Erster Kirchhoffscher Satz (Knotenregel):

In einem Knoten eines elektrischen Netzwerkes kann elektrische Ladung nicht gespeichert werden. Daraus folgt, daß von einem Knoten in der Zeiteinheit ebenso viele Ladungsträger wegfließen müssen, wie ihm zuströmen. Gleichbedeutend damit ist die Aussage, daß die unter Beachtung des Vorzeichens gebildete Stromsumme in einem Knoten den Wert Null hat:

$$\Sigma\, i = 0 \tag{3.1}$$

Zweiter Kirchhoffscher Satz (Maschenregel):

In einer geschlossenen Masche ist die vorzeichenrichtig gebildete Summe aller Spannungen gleich Null.

$$\Sigma\, u = 0 \tag{3.2}$$

Die Begründung ergibt sich aus der Überlegung, daß bei einem vollständigen Umlauf in einer Masche beim Zurückkehren an den Ausgangspunkt auch das Ausgangspotential wieder erreicht werden muß. Im Bild 3.4 sind für die linke Masche mit V_0, V_1 und V_2 die Potentiale der Punkte 0, 1 und 2 bezeichnet. Die Potentialdifferenzen der einzelnen Zweige sind:

$$\begin{aligned} V_1 - V_0 &= U_{01} \\ V_2 - V_1 &= -u_1 \\ V_0 - V_2 &= -u_3 \end{aligned} \tag{3.3}$$

Werden diese drei Gleichungen addiert, so ergibt die linke Seite den Wert Null, die rechte Seite die vorzeichenrichtig gebildete Summe der Spannungen in der betrachteten Masche.

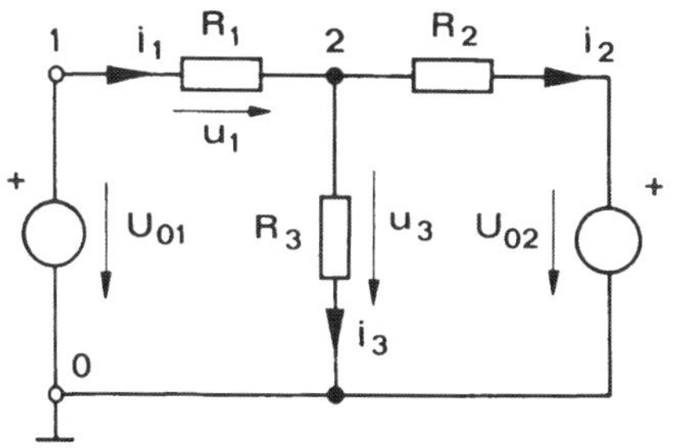

Bild 3.4 Zur Potentialbetrachtung in einer geschlossenen Masche eines Netzwerkes

Beispiel für die Anwendung der Kirchhoffschen Sätze:

Für das Netzwerk in Bild 3.5 sollen für den Knoten 2 und die rechte Masche des Netzwerkes die Kirchhoffschen Sätze aufgestellt werden.

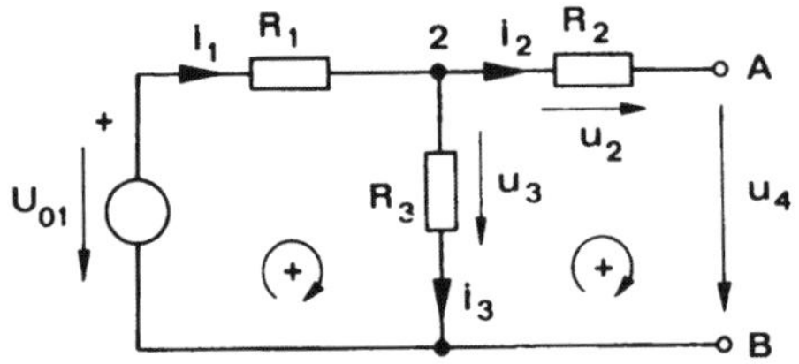

Bild 3.5 Beispiel für das Aufstellen von Gleichungen nach den Kirchhoffschen Sätzen

In den Maschen werden die gewählten Zählpfeile eingetragen und dann ein Zählsinn gewählt, der mit (+) bezeichnet wird. Danach ergibt die Knotenregel für den Knoten 2:

$$i_1 - i_2 - i_3 = 0 \tag{3.4}$$

Die Maschenregel für die rechte Masche:

$$+ u_2 + u_4 - u_3 = 0 \tag{3.5}$$

Für die ohmschen Widerstände R_2 und R_3 können die Beziehungen nach dem Ohmschen Gesetz eingeführt werden:

$$i_2 R_2 + u_4 - i_3 R_3 = 0 \tag{3.6}$$

Bemerkenswert in diesem Beispiel ist die Spannung zwischen den Klemmen A und B des Netzwerkes. Es ist ohne Bedeutung, welche Elemente zwischen diesen Klemmen angeschlossen sind. Die Masche wird an dieser Stelle durch die Spannung zwischen den Punkten A und B (im Beispiel u_4 genannt) abgeschlossen. Das kann zwischen beliebigen Punkten des Netzwerkes getan werden, wenn nur die Spannung zwischen zwei Punkten interessiert und nicht Teilspannungen und Teilströme in eventuell angeschlossenen Elementen.

Meist sind in einem Netzwerk die Spannungs- und Stromquellen und die passiven Zweipole als lineare Elemente gegeben und die Ströme in allen Zweigen sind gesucht. Mit den Kirchhoffschen Sätzen läßt sich dann ein System linearer Gleichungen aufstellen, das die Zweigströme als Unbekannte enthält. Die Zahl der zur Lösung des Systems notwendigen Gleichungen kann aus folgender Überlegung gewonnen werden:

Wenn das Netz k Knoten und z Zweige enthält, so sind für die Berechnung der z unbekannten Zweigströme z unabhängige Gleichungen notwendig. Die Anwendung des ersten Kirchhoffschen Satzes liefert zunächst (k - 1) unabhängige Gleichungen. (Die Gleichung für den k-ten Knoten geht aus den (k - 1) bereits aufgestellten Gleichungen hervor.)

Zu diesen (k - 1) Gleichungen sollen m weitere Gleichungen aus der Anwendung des zweiten Kirchhoffschen Satzes verwendet werden, so daß die Zahl z der benötigten unabhängigen Gleichungen erreicht wird:

$$z = (k - 1) + m \tag{3.7}$$

Daraus ergibt sich aus der Zahl der möglichen Maschengleichungen die Zahl der fehlenden Maschengleichungen, wenn die (k - 1) Knotengleichungen verwendet werden, zu:

$$m = z - k + 1 \tag{3.8}$$

3.3 Reihen- und Parallelschaltungen

Für die Zusammenschaltung von Zweipolen wird folgendes definiert:

Reihenschaltung

Zweipole sind in Reihe geschaltet, wenn über sie derselbe Strom fließt (s. Bild 3.6a).

Parallelschaltung

Zweipole sind parallel geschaltet, wenn an ihren Klemmen dieselbe Spannung liegt (s. Bild 3.6b).

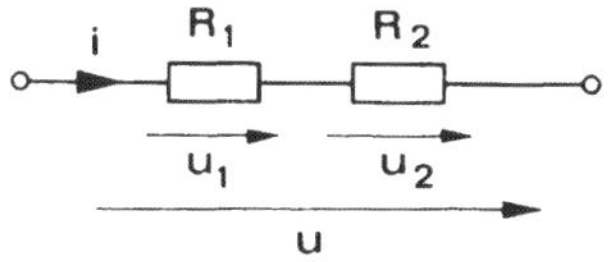

Bild 3.6a Zwei in Reihe geschaltete Widerstände als Beispiel für die Reihenschaltung von Zweipolen

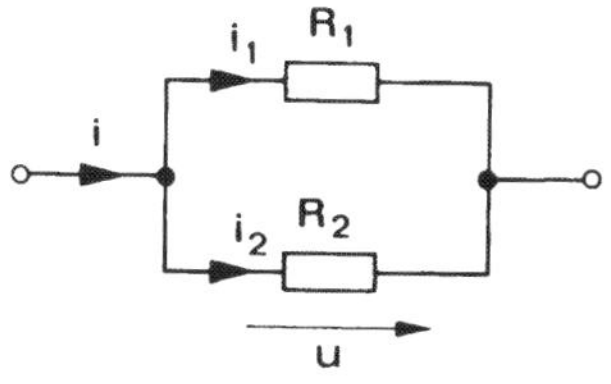

Bild 3.6b Zwei parallel geschaltete Widerstände als Beispiel für die Parallelschaltung von Zweipolen

Reihengeschaltete Widerstände

Sind zwei Widerstände in Reihe geschaltet (s. Bild 3.7), so ergibt die Anwendung der Kirchhoffschen Maschenregel:

$$u = u_1 + u_2 \tag{3.9}$$

Die Gesamtspannung an der Reihenschaltung ist gleich der Summe der Teilspannungen.

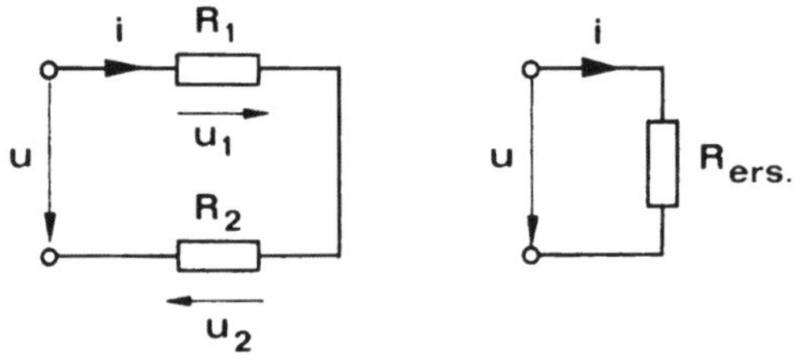

Bild 3.7 Reihenschaltung zweier Widerstände und die Ersatzgröße dafür

In vielen Fällen interessieren nicht so sehr die elektrischen Größen an den Einzelelementen der Reihenschaltung als vielmehr Spannung und Strom an den Klemmen der Gesamtschaltung. In diesen Fällen kann die Reihenschaltung durch eine äquivalente **Ersatzgröße** substituiert werden. Die Ersatzgröße muß so beschaffen sein, daß sie sich nach außen genau so verhält wie die zu ersetzende Schaltung.

In der Elektrotechnik heißt das, daß dieselbe Klemmenspannung an der Ersatzgröße zu demselben Strom führt wie in der Originalschaltung.

Für die Originalschaltung gilt:

$$u = i \cdot R_1 + i \cdot R_2 = i\,(R_1 + R_2) \tag{3.10}$$

Für die Ersatzgröße gilt:

$$u = i \cdot R_{ers} \tag{3.11}$$

Aus der Identität von u und i in den Gleichungen (3.10) und (3.11) folgt:

$$R_{ers} = R_1 + R_2 \tag{3.12}$$

Die **Reihenschaltung** zweier Widerstände kann ersetzt werden durch einen Widerstand von der Größe der Summe der Einzelwiderstände.

Für n in Reihe geschaltete Widerstände ergibt sich:

$$R_{ers} = R_1 + R_2 + R_3 \ldots + R_n \tag{3.13}$$

Parallelgeschaltete Widerstände

Sind zwei Widerstände parallel geschaltet (s. Bild 3.8), so ergibt die Anwendung der Kirchhoffschen Knotenregel:

$$i = i_1 + 1_2 \tag{3.14}$$

Der Gesamtstrom bei der Parallelschaltung ist gleich der Summe der Einzelströme.

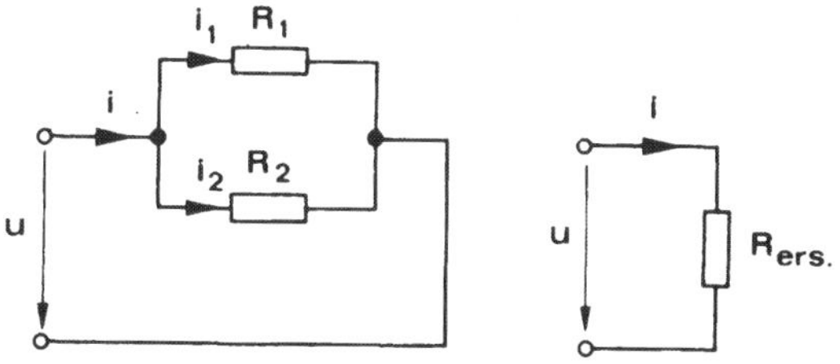

Bild 3.8 Parallelschaltung zweier Widerstände und die Ersatzgröße dafür

Der Ersatzwiderstand für die Parallelschaltung ist wie folgt zu berechnen:

Originalgröße:

$$i = i_1 + i_2 = \frac{u}{R_1} + \frac{u}{R_2} \tag{3.15}$$

$$\frac{i}{u} = \frac{1}{R_1} + \frac{1}{R_2} = G_1 + G_2 \tag{3.16}$$

In der Gleichung (3.16) wurden die Einzelleitwerte G_1, G_2 eingeführt.

Ersatzgröße:

$$\frac{i}{u} = \frac{1}{R_{ers}} = G_{ers} \tag{3.17}$$

Damit ergibt sich für die Ersatzgröße

$$G_{ers} = G_1 + G_2 \tag{3.18}$$

Die **Parallelschaltung** zweier Leitwerte kann ersetzt werden durch einen Leitwert von der Größe der Summe der Einzelleitwerte.

Für n parallel geschaltete Leitwerte ergibt sich:

$$G_{ers} = G_1 + G_2 + G_3 \ldots + G_n \tag{3.19}$$

Identisch mit der Aussage der Gleichung (3.18) ist natürlich:

$$\frac{1}{R_{ers}} = \frac{1}{R_1} + \frac{1}{R_2} \tag{3.20}$$

Daraus ergibt sich für den **Ersatzwiderstand** zweier parallelgeschalteter Widerstände:

$$R_{ers} = \frac{R_1 \cdot R_2}{R_1 + R_2} \tag{3.21}$$

3.4 Spannungs- und Stromteilerregeln

In den Fällen, bei denen es auch auf die Größen an den Einzelelementen der Reihen- oder der Parallelschaltung ankommt, lassen sich einfache Beziehungen aufstellen:

Spannungsteilerregel für die Reihenschaltung

Aus der Beziehung $u = i \cdot R$ für die Einzelwiderstände einer Reihenschaltung folgt:

$$i = \frac{u_1}{R_1} = \frac{u_2}{R_2} = \frac{u}{R_1 + R_2}$$

Spannungsteilerregel:

$$\frac{u_1}{u_2} = \frac{R_1}{R_2}; \qquad \frac{u}{u_1} = \frac{R_1 + R_2}{R_1} \tag{3.22}$$

Bei reihengeschalteten Widerständen verhalten sich die Spannungen zueinander wie die Widerstände, an denen diese Spannungen liegen.

Stromteilerregel für die Parallelschaltung

Aus der Strom-Spannungs-Beziehung für die Einzelelemente folgt:

$$u = \frac{i_1}{G_1} = \frac{i_2}{G_2} = \frac{i}{G_1 + G_2}$$

Stromteilerregel:

$$\frac{i_1}{i_2} = \frac{G_1}{G_2}; \qquad \frac{i}{i_1} = \frac{G_1 + G_2}{G_1} \tag{3.23}$$

Bei parallelgeschalteten Widerstandselementen verhalten sich die Ströme zueinander wie die Leitwerte der Elemente, durch die diese Ströme fließen.

3.5 Reihen- und Parallelschaltung von Drosselspulen und Kondensatoren

Für die Aufstellung der Beziehungen bei reihen- und parallelgeschalteten Drosselspulen und Kondensatoren ist zu beachten, daß die einzelnen Elemente sich untereinander nicht beeinflussen, daß sie von einander unabhängige Elemente sind. Für jedes Einzelelement gilt dann jeweils die im Abschn. 2.4 aufgeführte Beziehung zwischen Strom und Klemmenspannung (Gleichungen (2.17) und (2.20)). Das im Abschn. 3.3 über die Reihen- und Parallelschaltung allgemein Gesagte ist auch hier zu beachten.

Reihenschaltung von Drosselspulen

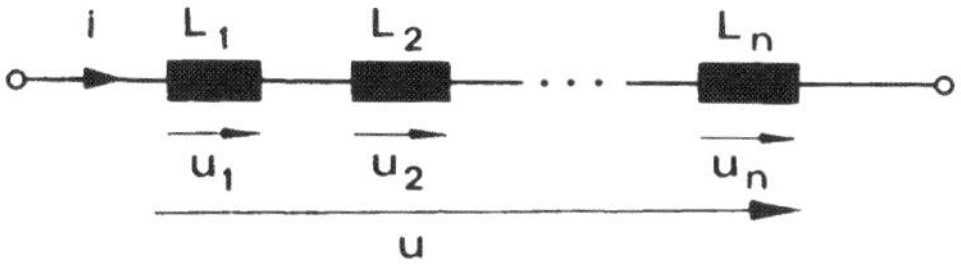

Bild 3.9 Reihenschaltung von n einzelnen Drosselspulen

Für die Schaltung mit Einzelelementen gilt:

$$u = u_1 + u_2 + \ldots + u_n = L \frac{di}{dt} + L_2 \frac{di}{dt} + \ldots L_n \frac{di}{dt} \qquad (3.24)$$

Für die Ersatzgrößen soll gelten:

$$u = L_{ers} \frac{di}{dt} \qquad (3.25)$$

Hieraus folgt für die Induktivität, die n in Reihe geschaltete Drosselspulen ersetzt:

$$L_{ers} = L_1 + L_2 + \ldots + L_n \qquad (3.26)$$

Parallelschaltung von Drosselspulen

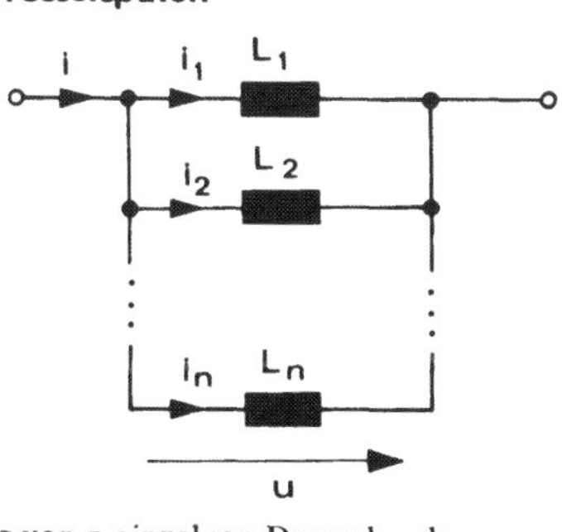

Bild 3.10 Parallelschaltung von n einzelnen Drosselspulen

Für die Schaltung mit Einzelelementen gilt:

$$i = i_1 + i_2 + \ldots + i_n = \frac{1}{L_1} \int u\,dt + \frac{1}{L_2} \int u\,dt + \ldots + \frac{1}{L_n} \int u\,dt \quad (3.27)$$

Für die Ersatzgröße soll gelten:

$$i = \frac{1}{L_{ers}} \int u\,dt \quad (3.28)$$

Dadurch ist die Ersatzgröße für n parallel geschaltete Drosselspulen wie folgt zu berechnen:

$$\frac{1}{L_{ers}} = \frac{1}{L_1} + \frac{1}{L_2} + \ldots + \frac{1}{L_n} \quad (3.29)$$

Reihenschaltung von Kondensatoren

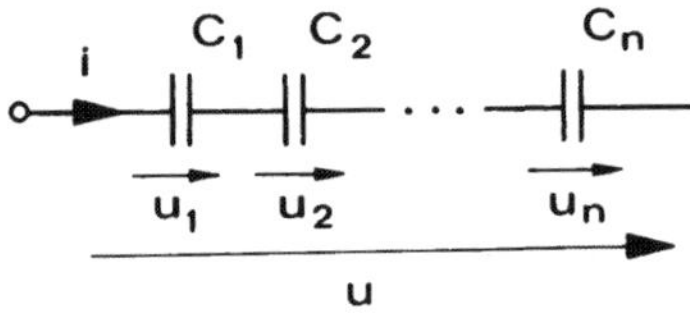

Bild 3.11 Reihenschaltung von n einzelnen Kondensatoren

Schaltung mit Einzelelementen:

$$u = u_1 + u_2 + \ldots + u_n = \frac{1}{C_1} \int i\,dt + \frac{1}{C_2} \int i\,dt \ldots + \frac{1}{C_n} \int i\,dt \quad (3.30)$$

Für die Ersatzgröße gilt:

$$u = \frac{1}{C_{ers}} \int i\,dt \quad (3.31)$$

Hieraus folgt für die Kapazität, die n in Reihe geschaltete Kondensatoren ersetzt:

$$\frac{1}{C_{ers}} = \frac{1}{C_1} + \frac{1}{C_2} + \ldots \frac{1}{C_n} \quad (3.32)$$

Parallelschaltung von Kapazitäten

Schaltung mit Einzelelementen:

$$i = i_1 + i_2 + \ldots i_n = C_1 \frac{du}{dt} + C_2 \frac{du}{dt} + \ldots C_n \frac{du}{dt} \quad (3.33)$$

Für die Ersatzgröße gilt:

$$i = C_{ers} \frac{du}{dt} \quad (3.34)$$

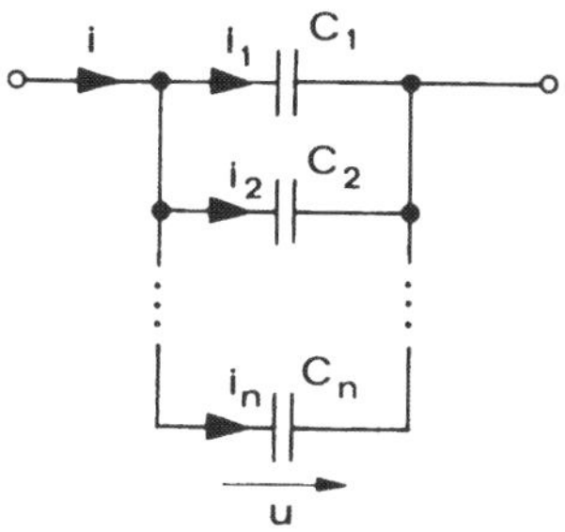

Bild 3.12 Parallelschaltung von n einzelnen Kondensatoren

Dadurch ist die Ersatzgröße für n parallel geschaltete Kondensatoren wie folgt zu berechnen:

$$C_{ers} = C_1 + C_2 + \ldots + C_n \tag{3.35}$$

3.6 Einfaches Ersatzbild für die technische Ausführung aktiver Zweipole

In Abschn. 2.2 wurden die Eigenschaften der idealen Spannungsquelle und der idealen Stromquelle erläutert. Die Eigenschaften der meisten technischen Spannungs- und Stromquellen unterscheiden sich von denen idealer Quellen.

Viele der angewendeten technischen Spannungs- und Stromquellen lassen sich durch ein einfaches Ersatzbild beschreiben. Dieses Ersatzbild besteht aus der Kombination einer idealen Quelle und einem Widerstand. Im folgenden werden die Eigenschaften dieses Ersatzbildes abgeleitet. Falls ein solches einfaches Ersatzbild die Eigenschaften der technischen Quelle nicht ausreichend genau beschreibt, muß dafür eine andere Ersatzschaltung entworfen werden.

Spannungsquelle mit Innenwiderstand

Die Eigenschaften einer nichtidealen Spannungsquelle werden angenähert beschrieben durch eine ideale Spannungsquelle mit einem reihengeschalteten Widerstand.

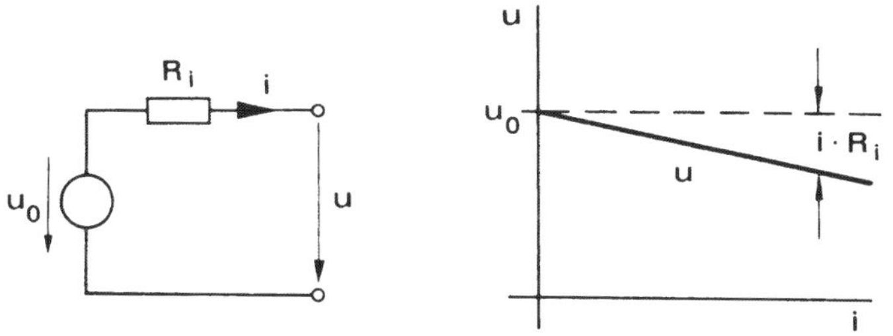

Bild 3.13 Schaltbild und u-i-Diagramm einer Spannungsquelle mit Innenwiderstand

Die Klemmenspannung u der in Bild 3.13 dargestellten Spannungsquelle beträgt:

$$u = u_0 - i \cdot R_i \tag{3.36}$$

Ausgezeichnete Werte dieser Quelle sind ihre **Leerlaufspannung** u_l (Spannung für $i = 0$) und ihr **Kurzschlußstrom** i_k (Strom bei $u = 0$).

Leerlaufspannung:

$$u_l = u_0 \tag{3.37}$$

Kurzschlußstrom:

$$i_k = \frac{u_0}{R_i} \tag{3.38}$$

Im u-i-Diagramm (Bild 3.13) wird die Steigung der Kennlinie durch den Innenwiderstand R_i bestimmt.

Stromquelle mit Innenleitwert

Die Eigenschaften einer nichtidealen Stromquelle werden angenähert beschrieben durch eine ideale Stromquelle mit parallelgeschaltetem Leitwert.

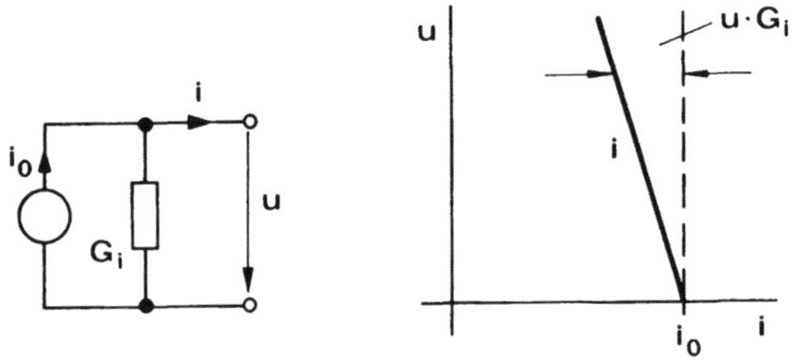

Bild 3.14 Schaltbild und u-i-Diagramm einer Stromquelle mit Innenleitwert

Der Ausgangsstrom i dieser Quelle beträgt:

$$i = i_0 - u \cdot G_i \tag{3.39}$$

Die ausgezeichneten Werte dieser Quelle sind:

Kurzschlußstrom:

$$i_k = i_0 \tag{3.40}$$

Leerlaufspannung:

$$u_l = \frac{i_0}{G_i} \tag{3.41}$$

Beide Quellen sind äquivalent für den Fall, daß

$$R_i = \frac{1}{G_i} \tag{3.42}$$

gewählt wird. Ein Ersatzbild läßt sich dann in das andere unter Verwendung der Beziehungen (3.38) und (3.42) überführen.

Elektrischer Stromkreis

Die Kombination einer Spannungsquelle mit einem Verbraucher stellt den einfachsten Stromkreis dar. Die Spannungsquelle wird dabei durch eine Quelle konstanter Spannung U_0 und den Innenwiderstand R_i dargestellt. Dieser einfache Stromkreis ist in der Lage, Energie zu transportieren und zu wandeln. Es wird ihm – dargestellt durch die eingespeiste Leistung P_e (Bild 3.15) – mit Hilfe der Spannungsquelle Energie zugeführt, die er dem Verbraucher R_a zuführt und dort wieder abgibt (Nutzleistung P_a). Dabei kann die zugeführte Energie in einer anderen Form vorliegen als die abgegebene (z. B. chemische Energie und Wärmeenergie). Bei dem Transport oder der Wandlung geht ein Teil der Energie verloren. Dieser wird dargestellt durch die Verlustleistung P_i.

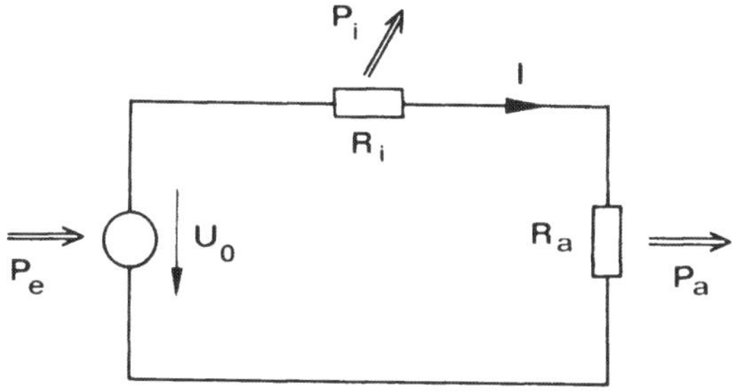

Bild 3.15 Elektrischer Stromkreis als Energiewandler

Das Verhältnis der abgegebenen Leistung zur eingespeisten Leistung wird Wirkungsgrad η genannt.

$$\eta = \frac{P_a}{P_e} = \frac{P_a}{P_a + P_i} \tag{3.43}$$

Die Anpassung des Verbraucherwiderstandes an den Innenwiderstand der Quelle oder umgekehrt kann unter verschiedenen Gesichtspunkten erfolgen.

Energietechnischer Gesichtspunkt:

Die Energietechnik umfaßt die Gebiete der Elektrotechnik, die sich mit der Erzeugung, dem Transport und der Anwendung elektrischer Energie befassen.

Der Gesichtspunkt, nach dem die Anpassung vorgenommen wird, ist der, daß bei der Übertragung oder Wandlung möglichst geringe Verluste auftreten.

$$P_i \to 0; \quad \eta \to 1{,}0$$

$$\eta = \frac{I^2 \cdot R_a}{I^2 R_a + I^2 R_i} = \frac{1}{1 + R_i/R_a} \tag{3.44}$$

Der Wirkungsgrad geht gegen den Wert 1, wenn $R_i/R_a \to 0$.

Bei gegebenem $R_i \neq 0$ folgt daraus $R_a \to \infty$.

Die Stromkreise mit einer Anpassung nach energietechnischem Gesichtspunkt arbeiten im Leerlauf.

Nachrichtentechnischer Gesichtspunkt:

Die Nachrichtentechnik umfaßt die Gebiete der Elektrotechnik, in denen elektrische Größen als Träger von Signalen oder Nachrichten verwendet werden und wo es darauf ankommt, diese Größen entweder zu übertragen oder zu wandeln.

Meist sind die Größen U_0 und R_i durch die Übertragungsstrecke vorgegeben und R_a soll so gewählt werden, daß aus dem Stromkreis die größtmögliche Nutzleistung entnommen wird, damit die Nachricht möglichst sicher identifiziert werden kann.

Wird die Nutzleistung $P_a = I^2 \cdot R_a$ auf die Größe U_0^2/R_i bezogen, so ergibt sich:

$$\frac{P_a}{U_0^2/R_i} = \frac{R_i/R_a}{(1 + R_i/R_a)^2} \tag{3.45}$$

U_0 und R_i sind durch die Übertragungsstrecke festgelegt. P_a hat ein Maximum für $R_a = R_i$.

Bei dieser Anpassung (Außenwiderstand gleich Innenwiderstand der Quelle) ist:

$$\frac{P_a}{U_0^2/R_i} = 0{,}25$$

Der Wirkungsgrad η beträgt bei dieser Anpassung $\eta = 0{,}5$. Diese Größe ist aber bei der vorliegenden Auslegung ohne Bedeutung.

3.7 Die Anwendung von Ersatzspannungs- und Ersatzstromquellen

Es sei angenommen, daß alle passiven Zweipole des Netzes einen linearen Zusammenhang zwischen Strom und Spannung besitzen (lineare Elemente). Dann läßt sich jede Kombination aus **passiven Zweipolen** nach den Regeln für die Berechnung der Ersatzgrößen von parallel- oder reihengeschalteten Zweipolen auf einen einzigen passiven Zweipol zurückführen. Jedes Netz mit **aktiven und passiven Zweipolen** läßt sich auf einen einzigen aktiven Zweipol mit Innenwiderstand zurückführen. Dieser kann entweder durch eine Konstant-Spannungsquelle mit reihengeschaltetem Innenwiderstand oder durch eine Konstant-Stromquelle mit parallelgeschaltetem Innenleitwert dargestellt werden.

Diese Überlegung kann dazu benutzt werden, Netzwerke oder Teile davon durch einfache Größen zu ersetzen. Das ist dann wichtig, wenn nur an einer Stelle des Netzes die elektrischen Größen von Interesse sind.

Bei dem im Bild 3.16 dargestellten Netz soll nur die Spannung an den Klemmen AB und der Strom über den Widerstand R_a berechnet werden. Dazu wird das strichpunktiert gekennzeichnete Teilnetzwerk durch eine Ersatzquelle nachgebildet.

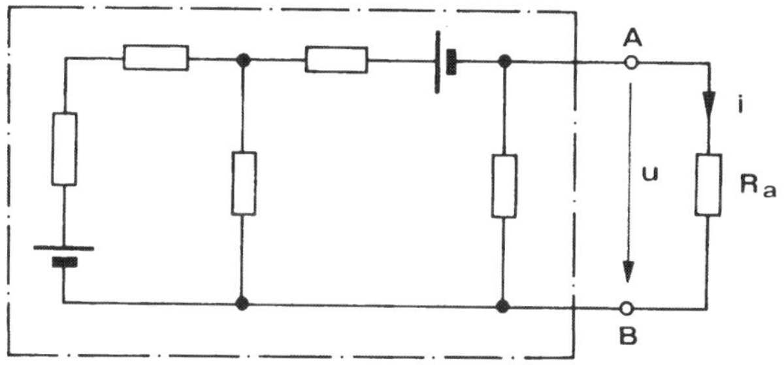

Bild 3.16 Anwendung von Ersatzspannungs- und Ersatzstromquellen

Wegen der Voraussetzung linearer Elemente ist an den Klemmen AB der Zusammenhang zwischen Strom und Spannung linear und durch folgende Beziehung darstellbar:

$$u = K_1 + K_2 \cdot i \tag{3.46}$$

Die zunächst unbestimmten Konstanten K_1 und K_2 in der Gleichung (3.46) sind aus Grenzwerten zu bestimmen:

Leerlauf (Klemmen AB offen): $i = 0$

Die dann an den Klemmen AB anzutreffende Spannung wird Leerlaufspannung u_l genannt.

$$u\,(i = 0) = u_l = K_1 \tag{3.47}$$

Kurzschluß (Klemmen AB kurzgeschlossen): $u = 0$

Der jetzt fließende Strom ist der Kurzschlußstrom i_k

$$i\,(u = 0) = i_k$$

Die Konstante K_2 ergibt sich zu

$$K_2 = -\frac{u_l}{i_k} = -R_i = -\frac{1}{G_i} \qquad (3.48)$$

Damit kann die Beziehung zwischen Strom und Spannung an den Klemmen AB geschrieben werden (s. Gleichung (3.46):

$$u = u_l - R_i \cdot i \qquad (3.49)$$

Gleichbedeutend damit ist

$$i = i_k - G_i \cdot u \qquad (3.50)$$

R_i und G_i sind nach der Gleichung (3.48) bestimmt.

Die Beziehungen (3.49) und (3.50), die aus der zunächst nur formal aufgestellten Beziehung (3.46) abgeleitet wurden, würden sich genau so ergeben, wenn an die Klemmen AB anstelle des eingerahmten Netzwerkes eine Spannungsquelle u_l mit Innenwiderstand R_i bzw. eine Stromquelle i_k mit Innenleitwert G_i angeschlossen wäre. Somit kann das gekennzeichnete Teilnetzwerk durch eine der Ersatzquellen des Bildes 3.17 dargestellt werden:

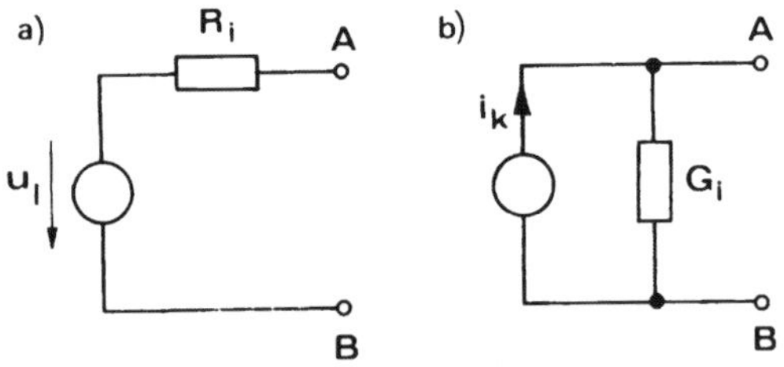

Bild 3.17 a) Ersatzspannungsquelle
b) Ersatzstromquelle

Die Größen u_l und i_k sind aus dem Teilnetzwerk bei Leerlauf an den Klemmen AB bzw. bei kurzgeschlossenen Klemmen AB zu bestimmen. R_i bzw. G_i sind nach der Gleichung (3.48) zu berechnen.

Die anfangs gestellte Aufgabe, im Netzwerk des Bildes 3.16 den Strom über R_a zu berechnen, ist jetzt ganz einfach. Das Bild 3.18 zeigt das Schaltbild mit der Ersatzquelle und der Strom über R_a ergibt sich hieraus zu

$$i = \frac{u_l}{R_i + R_a}$$

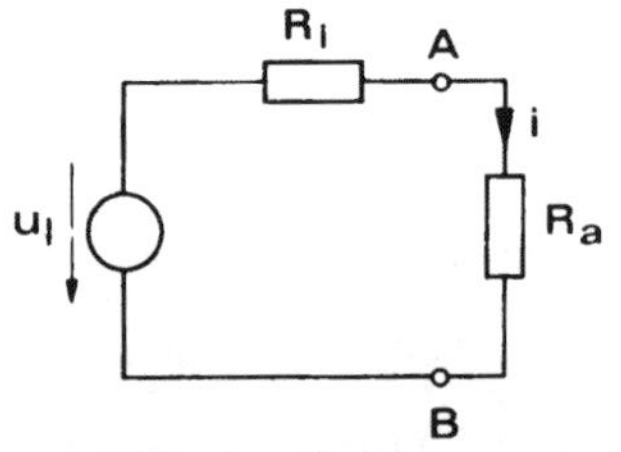

Bild 3.18 Berechnung eines Zweigstromes mit Hilfe einer Ersatzspannungsquelle

Es ist nicht notwendig, die Leerlaufspannung und den Kurzschlußstrom zu ermitteln und dann R_i oder G_i daraus zu berechnen. Mitunter ist es einfacher, aus der Schaltung des Teilnetzwerkes R_i oder G_i zu bestimmen und dazu dann noch die Leerlaufspannung oder den Kurzschlußstrom zu berechnen. Die dritte Größe ergibt sich dann aus der Beziehung (3.48).

Bei der Bestimmung von R_i oder G_i aus der Schaltung des Teilnetzwerkes werden ideale Stromquellen durch offene Stellen (Widerstand unendlich) und ideale Spannungsquellen durch kurzgeschlossene Stellen (Widerstand Null) ersetzt. Danach kann das Netzwerk, das jetzt nur noch aus passiven Zweipolen besteht, zu einer einzigen Größe R_i oder G_i zusammengefaßt werden.

3.8 Überlagerungsprinzip

In einem Netzwerk aus linearen Elementen mit mehreren Spannungs- bzw. Stromquellen können die Zweigströme des kompletten Netzwerkes berechnet werden, indem zunächst spezielle Zweigströme unter der Annahme berechnet werden, daß nur jeweils eine der Spannungs- bzw. Stromquellen wirksam ist. Die Zweigströme des kompletten Netzwerkes ergeben sich dann aus der Addition der Zweigströme der Teilnetzwerke. Beim Ersatz der Spannungs- bzw. Stromquellen werden ideale Spannungsquellen durch einen Kurzschluß und ideale Stromquellen durch eine offene Stelle ersetzt.

Beispiel:

In der Schaltung des Bildes 3.19, die aus linearen Elementen besteht, sollen die Zweigströme i_1, i_2, i_3 berechnet werden. Die Quellen und die Widerstände sind bekannt.

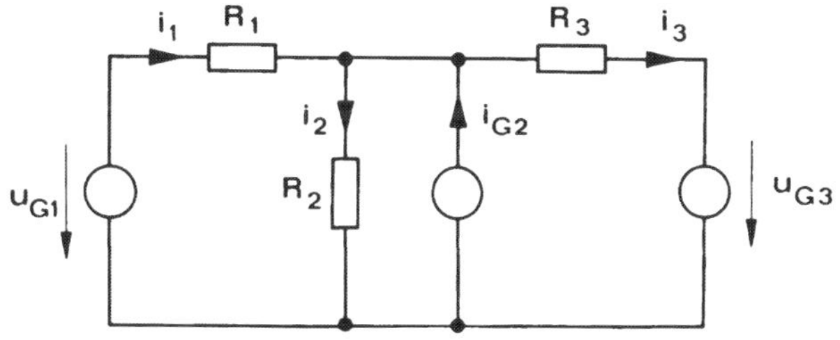

Bild 3.19 Beispiel zur Anwendung des Überlagerungsprinzips

Das Bild 3.20 zeigt, wie in drei aufeinander folgenden Schritten mit jeweils nur einer Quelle die Teilströme i_{11}, i_{12}, i_{13} bzw. i_{21}, i_{22}, i_{23} . . . berechnet werden. können.

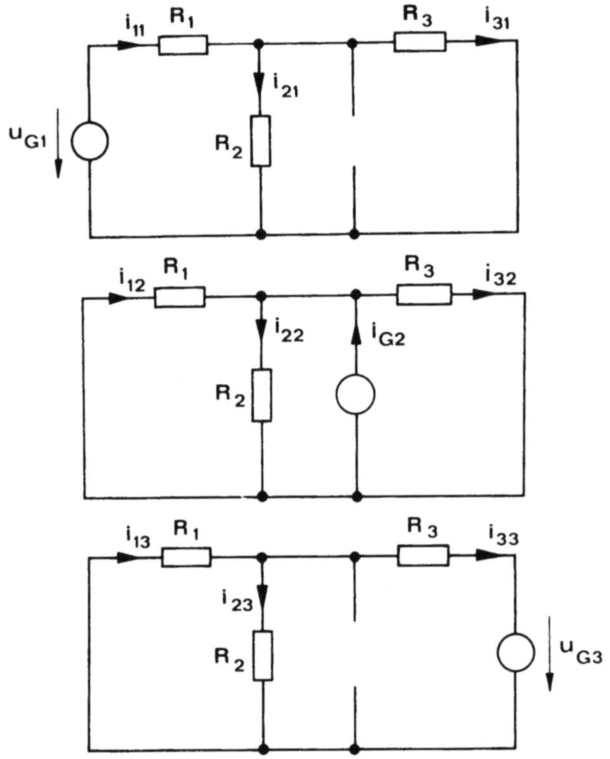

Bild 3.20 Die drei Berechnungsschritte bei der Anwendung des Überlagerungsprinzips auf das Netzwerk nach Bild 3.19

Die gesuchten Zweigströme i_1, i_2, i_3 des kompletten Netzwerkes ergeben sich wegen der Linearität aller Elemente aus der Überlagerung der Einzelergebnisse:

$$\begin{aligned} i_1 &= i_{11} + i_{12} + i_{13} \\ i_2 &= i_{21} + i_{22} + i_{23} \\ i_3 &= i_{31} + i_{32} + i_{33} \end{aligned} \tag{3.51}$$

3.9 Aufgaben zum Abschnitt 3

Aufgabe 3.91

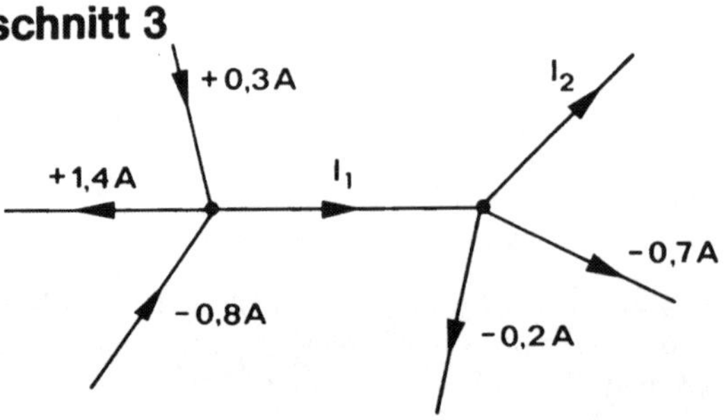

Es sind die Ströme I_1 und I_2 zu berechnen. Die Zählpfeile für den rechten Knoten sollen anschließend so gewählt werden, daß nur positive Ströme in der Rechnung auftreten.

Aufgabe 3.92

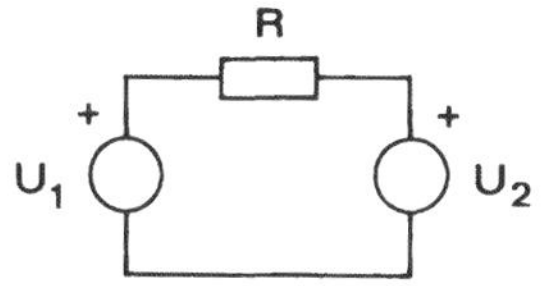

In die Schaltung sind die Zählpfeile einzutragen und der Strom zu berechnen.

$U_2 = 18\ V$; $U_1 = 12\ V$

$R = 120\ \Omega$

Aufgabe 3.93

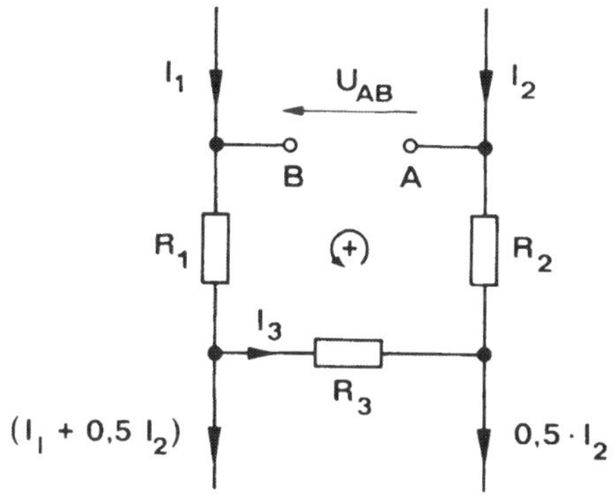

Es sind der Strom I_3 und die Spannung U_{AB} zu berechnen.
Über die Klemmen AB fließt kein Strom.

$I_1 = 14{,}4\ A$; $I_2 = 6{,}4\ A$

$R_1 = 12\ \Omega$; $R_2 = 17\ \Omega$; $R_3 = 5{,}8\ \Omega$

Aufgabe 3.94

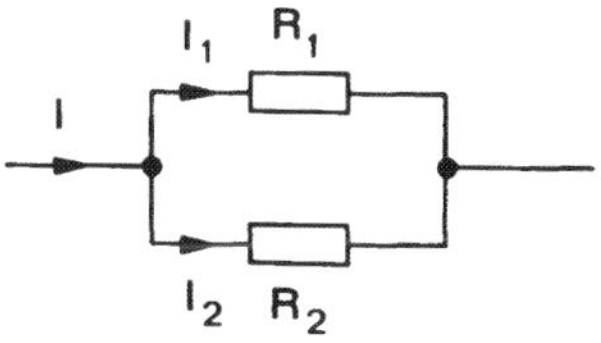

Wie groß sind in der Schaltung die Teilströme I_1 und I_2, wenn $I = 10\ A$, $R_1 = 4{,}5\ \Omega$ und $R_2 = 6{,}5\ \Omega$ sind?

Aufgabe 3.95

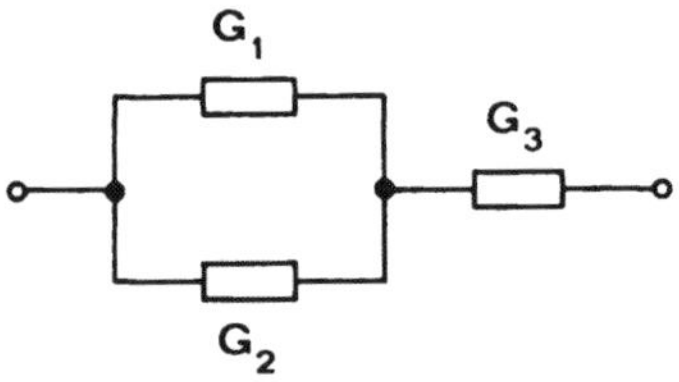

Welchen Leitwert muß G_3 bekommen, damit der Gesamtleitwert der Anordnung G_{ges} = 200 mS beträgt?

G_1 = 180 ms; G_2 = 70 ms

Aufgabe 3.96

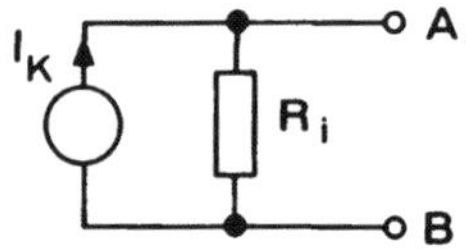

Die skizzierte Stromquelle (I_K = 500 mA, R_i = 100 Ω) wird zwischen den Klemmen AB mit einem Widerstand von R_{AB} = 150 Ω belastet. Wie groß ist dann die Klemmenspannung U_{AB}?
Die Stromquelle ist in eine äquivalente Spannungsquelle umzuwandeln.

Aufgabe 3.97

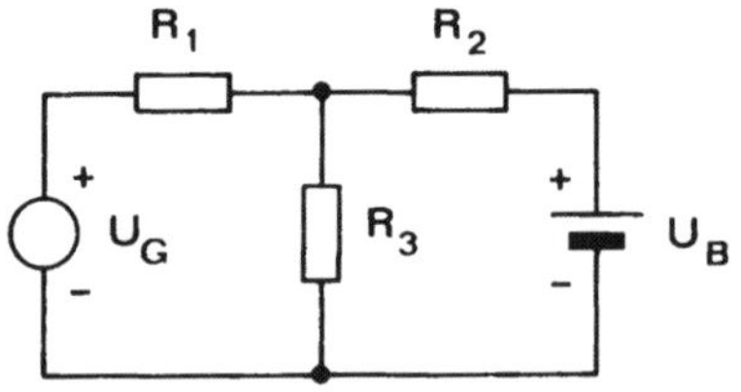

Welche Spannung U_G muß der Generator haben, damit die Batterie U_B mit 2 A geladen wird? Welche Leistungen werden in den Widerständen R_1, R_2 und R_3 umgesetzt?

U_B = 6 V; R_3 = 0,8 Ω

R_1 = 0,5 Ω; R_2 = 0,2 Ω

Aufgabe 3.98

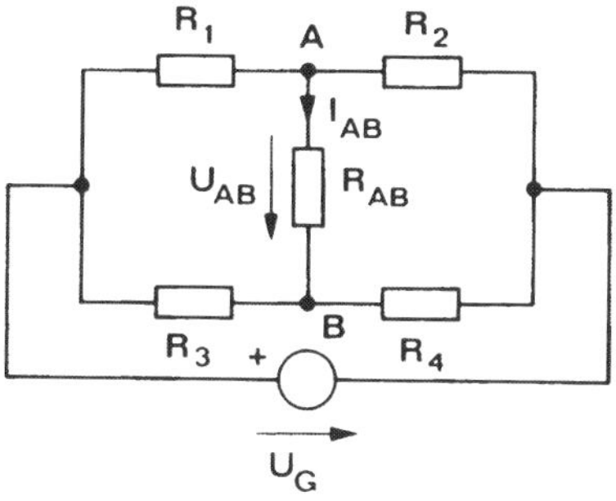

Eine Brückenschaltung nach obenstehender Skizze sei nicht abgeglichen. Unter Verwendung einer Ersatzspannungsquelle ist der Strom in der Brückendiagonale AB und die Spannung U_{AB} zu berechnen.

$U_G = 200$ V; $R_{AB} = 50\ \Omega$; $R_1 = 100\ \Omega$

$R_2 = 200\ \Omega$; $R_3 = 250\ \Omega$; $R_4 = 150\ \Omega$

Aufgabe 3.99

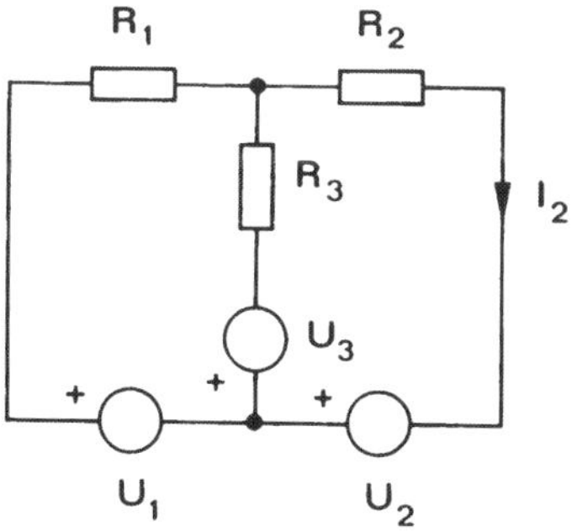

Es ist der Strom I_2 mit Hilfe einer Ersatzspannungsquelle zu berechnen.

$R_1 = 220\ \Omega$ $U_1 = 12$ V
$R_2 = 560\ \Omega$ $U_2 = 15$ V
$R_3 = 820\ \Omega$ $U_3 = 18$ V

Lösungen der Aufgaben zum Abschnitt 3

Aufgabe 3.91

Die Aufgabe wird mit Hilfe des ersten Kirchhoffschen Satzes (Knotenregel), Gleichung (3.1), gelöst. Die Zählpfeile sind vollständig eingetragen.

$\Sigma i = 0$ für den linken Knoten ergibt (zufließende Ströme positiv, abfließende Ströme negativ gezählt):

$$+0{,}3\text{ A} - 1{,}4\text{ A} - 0{,}8\text{ A} - I_1 = 0; \quad I_1 = -1{,}9\text{ A}$$

Für den rechten Knoten:

$$-1{,}9\text{ A} - I_2 + 0{,}7\text{ A} + 0{,}2\text{ A} = 0; \quad I_2 = -1{,}0\text{ A}$$

Wenn nur positive Ströme auftreten sollen, sind die Zählpfeile am rechten Knoten wie folgt zu wählen:

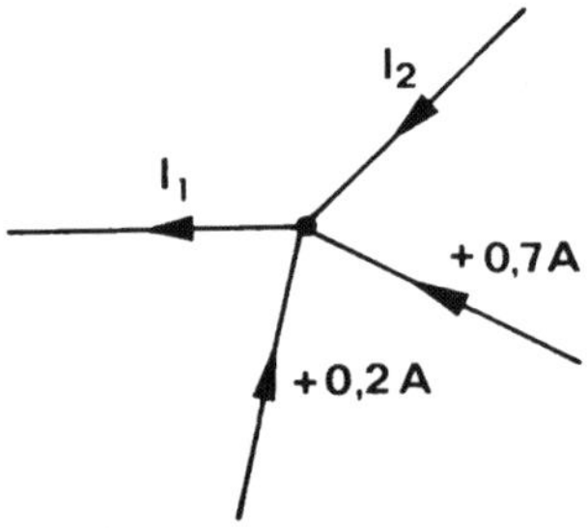

$I_1 = +1{,}9$ A
$I_2 = +1{,}0$ A

Aufgabe 3.92

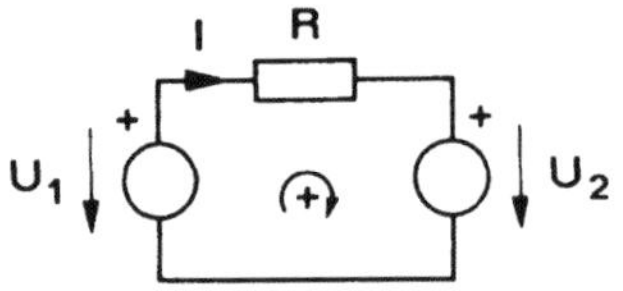

Die Zählpfeile für die Spannungen ergeben sich aus der in der Aufgabe vorgegebenen Polarität. Der Zählpfeil für den Strom wird, wie eingezeichnet, frei gewählt. Zählpfeile, die mit dem gewählten Zählsinn (+) übereinstimmen, werden positiv gezählt. Damit ergibt sich für die Masche:

$$-U_1 + I \cdot R + U_2 = 0; \qquad I = \frac{U_1 - U_2}{R}$$

$$I = \frac{-6\text{ V}}{120\ \Omega} = -50\text{ mA}$$

Das negative Vorzeichen des Stromes bedeutet, daß in dem Kreis positive Ladungsträger im entgegengesetzten Sinn fließen.

Aufgabe 3.93

In der Aufgabenskizze sind alle benötigten Zählpfeile eingetragen. Da die Klemmen AB keinen Strom führen, fließt I_1 auch über R_1. Damit gilt für den linken, unteren Knoten:

$$I_1 - I_3 - (I_1 + 0{,}5\,I_2) = 0; \qquad I_3 = -\,3{,}2\ \mathrm{A}$$

Die Spannung U_{AB} ergibt sich aus den Spannungen in der geschlossenen Masche:

$$U_{AB} + I_1\,R_1 + I_3\,R_3 - I_2\,R_2 = 0$$
$$U_{AB} = -\,I_1\,R_1 + I_2\,R_2 - I_3\,R_3$$
$$U_{AB} = -\,173\ \mathrm{V} + 109\ \mathrm{V} + 18{,}6\ \mathrm{V} = -\,45{,}4\ \mathrm{V}$$

Aufgabe 3.94

Es soll die Stromteilerregel Gleichung (3.23) benutzt werden:

$$\frac{I}{I_1} = \frac{G_1 + G_2}{G_1}$$

Dazu sind die Widerstände in die Leitwerte umzurechnen.

$$G_1 = \frac{1}{R_1} = 222\ \mathrm{mS}; \qquad G_2 = \frac{1}{R_2} = 154\ \mathrm{mS}$$

$$I_1 = 10\ \mathrm{A}\,\frac{222\ \mathrm{mS}}{376\ \mathrm{mS}} = 5{,}9\ \mathrm{A}$$

$$I_2 = 10\ \mathrm{A}\,\frac{154\ \mathrm{mS}}{376\ \mathrm{mS}} = 4{,}1\ \mathrm{A}$$

Aufgabe 3.95

$$G_{1,2} = G_1 + G_2; \qquad R_{1,2} = \frac{1}{G_{1,2}}; \qquad R_3 = \frac{1}{G_3}; \qquad R_{ges} = \frac{1}{G_{ges}}$$

$$R_{ges} = R_{1,2} + R_3; \qquad R_3 = R_{ges} - R_{1,2}$$

$$G_{1,2} = 250\ \mathrm{mS}; \qquad R_{1,2} = 4\ \Omega$$

$$R_{ges} = 5\ \Omega; \qquad R_3 = 1\ \Omega; \qquad G_3 = 1\ \mathrm{S}$$

Aufgabe 3.96

Die Stromquelle wird mit den parallel geschalteten Widerständen $R_i /\!/ R_{AB}$ belastet. Die Spannung an den Klemmen AB ist demzufolge:

$$U_{AB} = I_K \cdot (R_i /\!/ R_{AB}) = I_K\,\frac{R_i \cdot R_{AB}}{R_i + R_{AB}}$$
$$U_{AB} = 0{,}5\ \mathrm{A} \cdot 60\ \Omega = 30\ \mathrm{V}$$

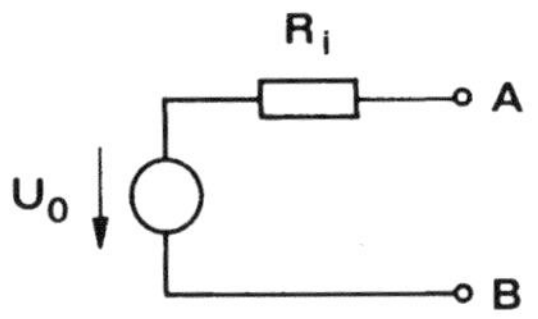

Die äquivalente Spannungsquelle hat obenstehendes Schaltbild.

$$R_i = 100\,\Omega$$
$$U_0 = I_K \cdot R_i = 50\text{ V}$$

Aufgabe 3.97

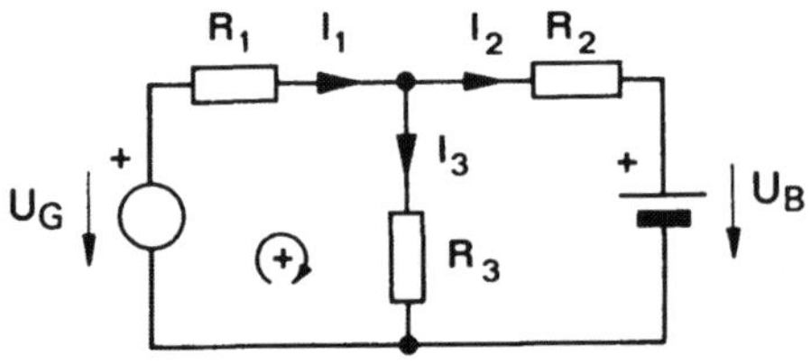

Im obenstehenden Bild wurden die Zählpfeile eingetragen.
Ansatz für die linke Masche:

$$-U_G + I_1 R_1 + I_3 R_3 = 0$$

Ansatz für die Masche über beiden Spannungsquellen:

$$-U_G + U_B + I_1 R_1 + I_2 R_2 = 0$$

Ansatz für den oberen Knoten:

$$I_1 - I_2 - I_3 = 0$$

Diese Gleichungen nach U_G aufgelöst ergibt:

$$U_G = I_2 R_1 + \frac{R_1 + R_3}{R_1} (U_2 + I_2 R_2) = 11{,}4\text{ V}$$

Die Leistungen an den Widerständen sind:

$$P_{R1} = 50\text{ W}; \quad P_{R2} = 0{,}8\text{ W}; \quad P_{R3} = 51{,}2\text{ W}$$

Aufgabe 3.98

„Abgeglichen“ wird eine Brückenschaltung dann genannt, wenn der Strom in der Brückendiagonale $I_{AB} = 0$ ist.

Hier soll I_{AB} mit Hilfe einer Ersatzspannungsquelle berechnet werden.

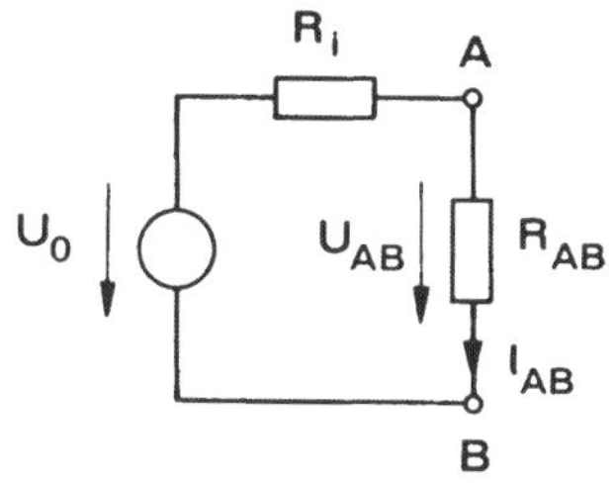

Das Bild zeigt, wie das Netzwerk bis auf den Widerstand R_{AB}, dessen Strom berechnet werden soll, durch die Spannungsquelle mit der Spannung U_0 und dem Innenwiderstand R_i zu ersetzen ist.

Die Spannung U_0 – Leerlaufspannung der Ersatzspannungsquelle – wird aus dem Netzwerk berechnet, für den Fall, daß die Klemmen AB unbelastet sind:

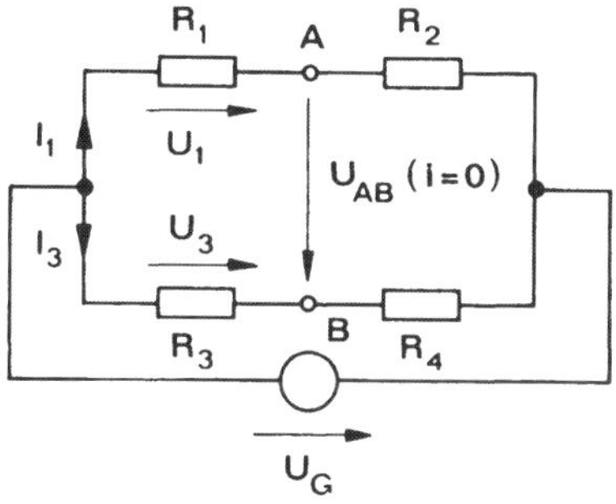

$$U_{AB}\ (i = 0) = U_0$$

$$U_0 = U_3 - U_1; \quad U_1 = I_1\ R_1$$
$$U_3 = I_3\ R_3$$

Da zwischen AB kein Strom fließt, lassen sich für den Leerlauf die Ströme I_1 und I_3 einfach berechnen:

$$I_1 = \frac{U_G}{R_1 + R_2}; \quad I_1 = \frac{200\ V}{300\ \Omega} = 0{,}667\ A; \quad U_1 = 66{,}7\ V$$

$$I_3 = \frac{U_G}{R_3 + R_4}; \quad I_3 = \frac{200\ V}{400\ \Omega} = 0{,}5\ A; \quad U_3 = 125\ V$$

$$U_0 = 58{,}3\ V$$

Zur Berechnung des Innenwiderstandes R_i wird das Netzwerk ohne Spannungsquellen (ersetzt durch Kurzschlußstelle) und Stromquellen (ersetzt durch Leerlaufstelle) gezeichnet. Der dann von den Klemmen AB aus zu messende Widerstand ist der gesuchte Innenwiderstand R_i. Die beiden untenstehenden Skizzen geben dieselbe Schaltung wieder. Aus der zweiten läßt sich R_i leicht berechnen.

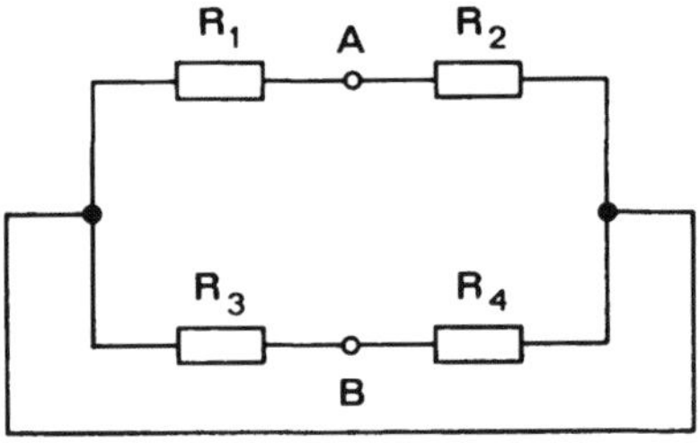

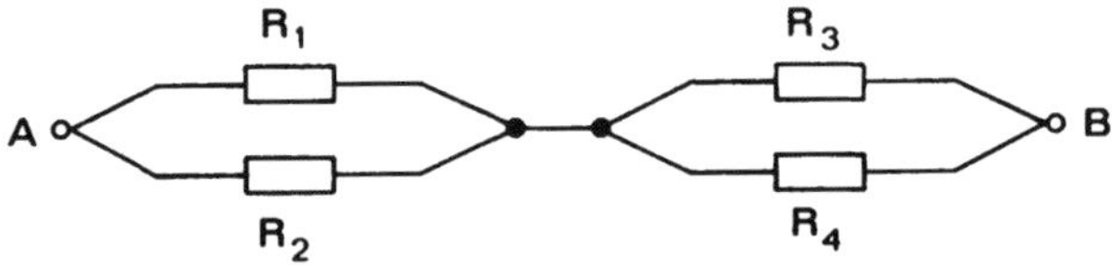

$$R_i = (R_1 /\!/ R_2) + (R_3 /\!/ R_4) = 66{,}7\ \Omega + 93{,}8\ \Omega$$
$$R_i = 160{,}5\ \Omega$$

Damit sind die Größen der Ersatzspannungsquelle bestimmt. Wird diese wie skizziert mit R_{AB} belastet, so können I_{AB} und U_{AB} berechnet werden.

$$I_{AB} = \frac{U_0}{R_i + R_{AB}}; \quad I_{AB} = \frac{58{,}3\ \text{V}}{210{,}5\ \Omega} = 278\ \text{mA}$$

$$U_{AB} = I_{AB} \cdot R_{AB} = 278\ \text{mA} \cdot 50\ \Omega$$

$$= 13{,}9\ \text{V}$$

Aufgabe 3.99

$$I_2 = 28{,}3\ \text{mA}$$

4. Netzwerke bei Speisung mit harmonischen Größen

Von den zeitveränderlichen Größen haben die harmonischen Größen in der Elektrotechnik eine besondere Bedeutung. Spannungsquellen mit einem sinusförmigen Zeitverlauf der Spannung sind weit verbreitet. Sie werden bei der Erzeugung und Verteilung elektrischer Energie verwendet. Freie Schwingungen in vielen Systemen verlaufen nach einem solchen Zeitgesetz.

4.1 Darstellung von harmonischen Größen

Der Zeitverlauf einer harmonischen Größe kann durch die Gleichung (4.1) beschrieben werden (s. auch Abschn. 2.1).

$$u(t) = \hat{u} \cos(\omega t + \phi_u) \tag{4.1}$$

Die Berechnung elektrischer Schaltungen, bei der die Größen in dieser trigonometrischen Form vorliegen, ist sehr umständlich.

Eine bessere Methode zur Berechnung elektrischer Schaltungen ergibt sich, wenn die harmonischen Größen durch **komplexe Zahlen** dargestellt werden. Voraussetzung dafür ist, daß alle im Netzwerk auftretenden Spannungen und Ströme harmonische Größen einer Frequenz sind. Diese Voraussetzung ist erfüllt, wenn

Spannungen und Ströme der Quellen (eingeprägte Spannungen und Ströme) harmonische Größen einer Frequenz sind,

die passiven Netzwerkselemente sich nur aus ohmschen Widerständen, idealen Drosselspulen und idealen Kondensatoren zusammensetzen. Sind reale Bauelemente im Netzwerk vorhanden, so müssen ihre Eigenschaft durch Ersatzgrößen beschrieben werden, die ausschließlich aus idealen Elementen bestehen,

das Netzwerk muß sich im stationären oder eingeschwungenen Zustand befinden. Das bedeutet, daß Störungen, die sich aus Schaltvorgängen ergeben, abgeklungen sind.

Die Zeitabhängigkeit einer harmonischen Größe

$$u(t) = \hat{u} \cos(\omega t + \phi_u) \tag{4.1}$$

kann mit Hilfe der Eulerschen Formel

$$\cos \phi = \frac{1}{2}\left(e^{j\phi} + e^{-j\phi}\right)$$

auch in der folgenden Form geschrieben werden:

$$u(t) = \frac{\hat{u}}{2} \left(e^{j(\omega t + \phi_u)} + e^{-j(\omega t + \phi_u)}\right) \tag{4.2}$$

Wird in der Gleichung (4.2) der Effektivwert U eingeführt, so ergibt sich:

$$u(t) = \frac{1}{\sqrt{2}} \cdot U \left(e^{j(\omega t + \phi_u)} + e^{-j(\omega t + \phi_u)}\right) \tag{4.3}$$

Der Ausdruck $U \cdot e^{j(\omega t + \phi_u)}$ enthält einen zeitabhängigen und einen zeitunabhängigen Teil. Der zeitunabhängige Teil stellt eine komplexe Zahl mit konstantem Betrag und konstantem Argument dar. Er kann durch eine Strecke in der komplexen Ebene dargestellt werden und soll im folgenden **Zeiger** genannt werden. Er wird hier durch einen unterstrichenen Buchstaben gekennzeichnet:

$$\underline{U} = U e^{j\phi_u} \tag{4.4}$$

Der Ausdruck $\underline{U}^+ = U e^{-j\phi_u}$ stellt dann den **konjugiert komplexen Zeiger** von $\underline{U}$ dar.

Damit läßt sich die harmonische Spannung der Gleichung (4.1) wie folgt darstellen:

$$u(t) = \frac{1}{\sqrt{2}} \left(\underline{U} e^{j\omega t} + \underline{U}^+ e^{-j\omega t}\right) \tag{4.5}$$

$$u(t) = \frac{1}{2} \left(\sqrt{2}\, \underline{U} e^{j\omega t} + \sqrt{2}\, \underline{U}^+ e^{-j\omega t}\right)$$

Diese Gleichung läßt sich in der komplexen Ebene darstellen und damit veranschaulichen. Das Bild 4.1 zeigt die Darstellung des ruhenden Zeigers $\sqrt{2}\,\underline{U}$.

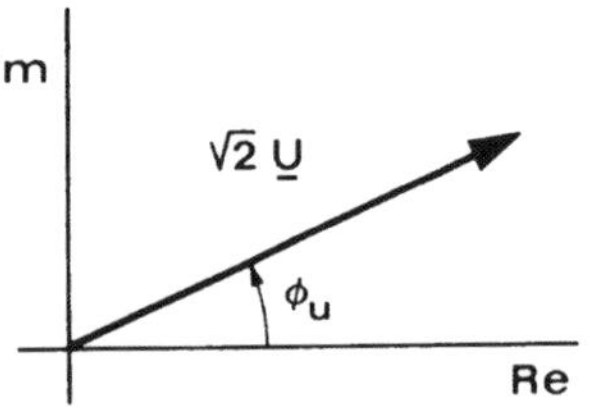

Bild 4.1 Darstellung der Größe $\sqrt{2}\,\underline{U}$ in der komplexen Ebene

Der Ausdruck $\sqrt{2}\,\underline{U} e^{j\omega t}$ stellt dann einen in der komplexen Ebene um den Ursprung mit der Winkelgeschwindigkeit ω rotierenden Zeiger dar. Der Ausdruck $\sqrt{2}\,\underline{U}^+ e^{-j\omega t}$ beschreibt einen Zeiger mit anderer Anfangsphase, der mit derselben Geschwindigkeit jedoch mit entgegengesetztem Drehsinn rotiert.

Die beiden Summanden in der Gleichung (4.5) stellen also zwei gleichlange gegeneinander um den Ursprung rotierende Zeiger mit unterschiedlicher Anfangsphase dar. Ihre Summe ergibt immer einen reellen Wert – die Größe u (t).

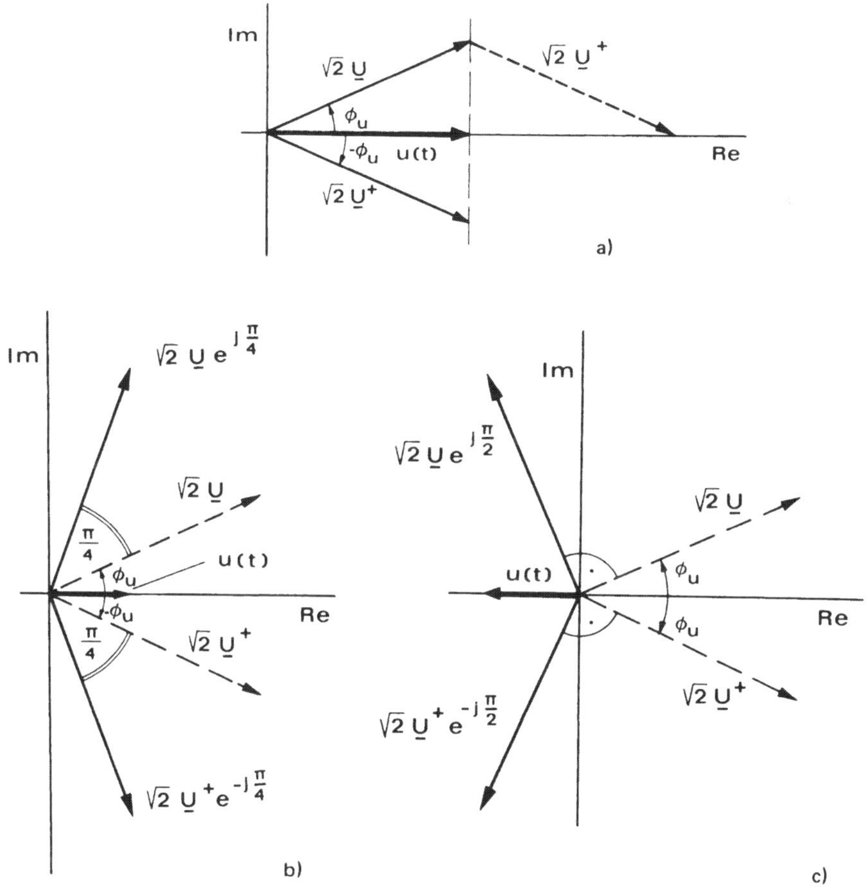

Bild 4.2 Darstellung einer harmonischen Größe in der komplexen Ebene durch zwei gegensinnig rotierende Zeiger zu verschiedenen Zeiten

a) $\omega t = 0$ b) $\omega t = \frac{\pi}{4}$ c) $\omega t = \frac{\pi}{2}$

Das Bild 4.2a zeigt die Darstellung der Beziehung (4.5) in der komplexen Ebene für den Zeitpunkt $\omega t = 0$. Die Zeiger $\sqrt{2}\,\underline{U}\,e^{j\omega t}$ und $\sqrt{2}\,\underline{U}^+\,e^{-j\omega t}$ befinden sich in der durch den Winkel ϕ_u gegebenen Anfangslage.

Das Bild 4.2b zeigt die Beziehung (4.5) für den Zeitpunkt $\omega t = \frac{\pi}{4}$ und das Bild 4.2c schließlich für den Zeitpunkt $\omega t = \frac{\pi}{2}$.

Aus den Darstellungen des Bildes 4.2 geht hervor, wie sich die physikalische Größe u (t) zu jedem Zeitpunkt aus zwei in der komplexen Ebene rotierenden Zeigern bilden läßt.

Eine andere Schreibweise ergibt sich, wenn die Beziehung über die Summe zweier konjugiert komplexer Zahlen berücksichtigt wird:

$$\underline{A} + \underline{A}^{+} = 2\,\mathrm{Re}\,(\underline{A}) \tag{4.6}$$

Darin bedeutet Re ($\underline{A}$): Realteil von $\underline{A}$
und entsprechend Im ($\underline{A}$): Imaginärteil von $\underline{A}$

Mit der Gleichung (4.6) kann der Ausdruck (4.5) geschrieben werden:

$$u\,(t) = \mathrm{Re}\,(\sqrt{2}\,\underline{U}\,e^{j\omega t}) \tag{4.7}$$

Die Gleichung (4.7) stellt den Zusammenhang dar zwischen der physikalischen Größe u (t) und ihrer Abbildung in der komplexen Ebene durch einen rotierenden Zeiger $\sqrt{2}\,\underline{U}$. Der Zeiger wird dabei nach der Gleichung (4.4) gebildet. Die Beziehung (4.7) ist auch in den Darstellungen des Bildes 4.2 zu sehen.

Bei vielen Problemen der Elektrotechnik sind die eingangs genannten Voraussetzungen (stationärer Zustand bei harmonischen Erregungsgrößen, lineare Elemente) erfüllt. Es interessiert dann der zeitliche Augenblickswert der Größe nicht in erster Linie. Hier genügt es meist, Aussagen über den Effektivwert der Größen und über die Winkelbeziehungen zwischen ihnen zu machen. Diese Aussagen sind aber allein in den Zeigern enthalten, und es genügt deshalb, allein mit diesen zu rechnen.

Es soll an einigen Beispielen gezeigt werden, daß alle Aussagen über die Effektivwerte und die Winkel zwischen den Größen in den Zeigern enthalten sind.

Beispiel einer Summe von harmonischen Spannungen:

$$u_1\,(t) = \sqrt{2}\,U_1\,\cos\,(\omega t + \phi_1) \tag{4.8}$$

$$u_2\,(t) = \sqrt{2}\,U_2\,\cos\,(\omega t + \phi_2)$$

$$u_3\,(t) = \sqrt{2}\,U_3\,\cos\,(\omega t + \phi_3)$$

Entsprechend Gleichung (4.5) kann dafür geschrieben werden:

$$u_1\,(t) = \frac{1}{\sqrt{2}}(\underline{U}_1\,e^{j\omega t} + \underline{U}_1^{+}\,e^{-j\omega t}) \tag{4.9}$$

$$u_2\,(t) = \frac{1}{\sqrt{2}}(\underline{U}_2\,e^{j\omega t} + \underline{U}_2^{+}\,e^{-j\omega t})$$

$$u_3(t) = \frac{1}{\sqrt{2}} (\underline{U}_3\, e^{j\omega t} + \underline{U}_3^+\, e^{-j\omega t})$$

Die Summe dieser Spannungen

$$u(t) = u_1(t) + u_2(t) + u_3(t)$$

wird unter Verwendung der Beziehungen (4.9) geschrieben

$$u(t) = \frac{1}{\sqrt{2}} [(\underline{U}_1 + \underline{U}_2 + \underline{U}_3)\, e^{j\omega t} + (\underline{U}_1^+ + \underline{U}_2^+ + \underline{U}_3^+)\, e^{-j\omega t}]$$

Wird jetzt eingeführt

$$\underline{U} = \underline{U}_1 + \underline{U}_2 + \underline{U}_3 \qquad \underline{U}^+ = \underline{U}_1^+ + \underline{U}_2^+ + \underline{U}_3^+ \tag{4.10}$$

dann ist die Summe

$$u(t) = \frac{1}{\sqrt{2}} (\underline{U}\, e^{j\omega t} + \underline{U}^+\, e^{-j\omega t}) \tag{4.11}$$

Das Beispiel soll zeigen, daß es zulässig und ausreichend ist, die Summe der Zeiger zu bilden, wenn nur Aussagen über Betrag und Phasenlage der Summenspannung benötigt werden.

Praktisch wird das so ausgeführt, daß den Gleichungen (4.8) die Aussagen über den Effektivwert und die Anfangsphase entnommen und in Form der Zeiger $\underline{U}_1$, $\underline{U}_2$ und $\underline{U}_3$ dargestellt werden. Daraus kann dann entsprechend (4.10) die Summe gebildet werden.

Bei der graphischen Darstellung wird praktischerweise der Effektivwert und nicht der Scheitelwert berücksichtigt. Die Summe wird dann geometrisch aus den Zeigern gebildet (Bild 4.3) oder nach den Rechenregeln für komplexe Zahlen. Die so gebildete Summe enthält dann die allein interessierenden Aussagen über den Effektivwert und den Phasenwinkel gegen die Realachse.

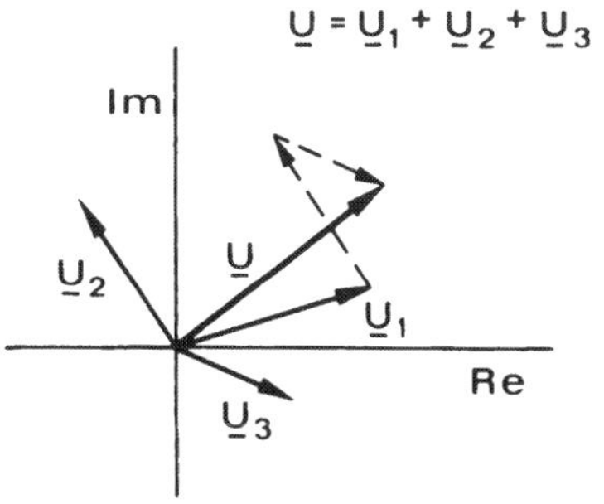

Bild 4.3 Zur Bildung der Summe von drei Zeigern

Beispiel einer Differentiation nach der Zeit:

In einer Drosselspule sei der Strom i (t) entsprechend den Voraussetzungen für die Anwendung komplexer Zahlen gegeben:

$$i(t) = \sqrt{2}\, I \cos(\omega t + \phi_i) = \frac{1}{\sqrt{2}}(\underline{I}\, e^{j\omega t} + \underline{I}^+\, e^{-j\omega t}) \tag{4.12}$$

Es soll die Spannung an den Klemmen dieser Drosselspule berechnet werden. Dazu ist die Differentiation des Stromes nach der Zeit notwendig:

$$\frac{di(t)}{dt} = \frac{1}{\sqrt{2}}(j\omega \underline{I}\, e^{j\omega t} + (-j\omega \underline{I}^+)\, e^{-j\omega t}) \tag{4.13}$$

Die Spannung an den Klemmen der Drosselspule ist dann:

$$u(t) = L\,\frac{di(t)}{dt}$$

$$u(t) = \frac{1}{\sqrt{2}}(L\, j\omega \underline{I}\, e^{j\omega t} + L\,(-j\omega \underline{I}^+)\, e^{-j\omega t}) \tag{4.14}$$

Die Gleichung (4.14) kann in die Form

$$u(t) = \frac{1}{\sqrt{2}}(\underline{U}\, e^{j\omega t} + \underline{U}^+\, e^{-j\omega t}) \tag{4.15}$$

gebracht werden, wenn die Abkürzungen nach Gleichung (4.16) verwendet werden:

$$\underline{U} = j\omega L\, \underline{I} \quad \text{und} \quad \underline{U}^+ = -j\omega L\, \underline{I}^+ \tag{4.16}$$

Die Gleichung (4.16) sagt etwas aus über den Effektivwert der Spannung an der Drossel und den Effektivwert des Stromes, der durch die Drossel fließt und über den Phasenwinkel zwischen diesen beiden Größen. Für die Betrachtung des eingeschwungenen Zustandes reichen diese Aussagen aus.

In ähnlicher Weise kann auch das Beispiel für den Zusammenhang zwischen der Spannung am Kondensator und dem Strom über den Kondensator ausgeführt werden.

4.2 Definition der Wechselstromwiderstände und Wechselstromleitwerte

Im Abschn. 4.1 wurde gezeigt, daß unter den getroffenen Voraussetzungen für die Grundelemente elektrischer Netzwerke Beziehungen aufgestellt werden können, die ausreichende Aussagen über die Effektivwerte von Strom und Spannung und den Winkel zwischen ihnen enthalten.

Die Form dieser Beziehungen (z. B. Gleichung (4.16)) läßt für alle Grundelemente einen konstanten Faktor in der Beziehung zwischen Strom und Spannung erkennen:

$$\underline{U} = \text{konst} \cdot \underline{I} \tag{4.17}$$

Dieser Faktor ist jetzt natürlich ein komplexer Faktor.

Dieser komplexe Faktor führt in Anlehnung an die Beziehung (1.16) im Abschn. 1.2 zur Definition von Widerstands- und Leitwertgrößen für die Grundelemente bei harmonischen Spannungs- und Stromgrößen. Die so definierten Größen werden **Wechselstromwiderstand** $\underline{Z}$ und **Wechselstromleitwert** $\underline{Y}$ genannt:

$$\underline{Z} = \underline{U}/\underline{I} \quad \text{und} \quad \underline{Y} = \underline{I}/\underline{U} \tag{4.18}$$

Für die Grundelemente Ohmscher Widerstand, ideale Drosselspule und idealer Kondensator wird dementsprechend definiert:

Ohmscher Widerstand:

$$\underline{Z}_R = \underline{U}_R/\underline{I}_R = R = R\,e^{j0} = R\,\underline{/\,0} \tag{4.19}$$

$$\underline{Y}_R = \underline{I}_R/\underline{U}_R = G = G\,e^{j0} = G\,\underline{/\,0}$$

Drosselspule:

$$\underline{Z}_L = \underline{U}_L/\underline{I}_L = j\omega L = \omega L\,e^{j\frac{\pi}{2}} = \omega L\,\underline{/\,90^\circ} \tag{4.20}$$

$$\underline{Y}_L = \underline{I}_L/\underline{U}_L = \frac{1}{j\omega L} = \frac{1}{\omega L}\,e^{-j\frac{\pi}{2}} = \frac{1}{\omega L}\,\underline{/\,-90^\circ}$$

Kondensator:

$$\underline{Z}_C = \underline{U}_C/\underline{I}_C = \frac{1}{j\omega C} = \frac{1}{\omega C}\,e^{-j\frac{\pi}{2}} = \frac{1}{\omega C}\,\underline{/\,-90^\circ} \tag{4.21}$$

$$\underline{Y}_C = \underline{I}_C/\underline{U}_C = j\omega C = \omega C\,e^{j\frac{\pi}{2}} = \omega C\,\underline{/\,90^\circ}$$

Der Vorteil dieser Definitionen – wie der komplexen Schreibweise für harmonische Größen überhaupt – liegt darin, daß die Grundgesetze für elektrische Netzwerke unverändert gelten. Sie werden jetzt allerdings mit komplexen Symbolen geschrieben. Dabei stellt das Symbol $\underline{/\,90^\circ}$ eine Abkürzung für den Ausdruck $e^{j\frac{\pi}{2}}$ dar. Es kann „Dreher 90°" gelesen werden.

Beispiel:

Der 2. Kirchhoffsche Satz nach Gleichung (3.2)

$$\Sigma\, u = 0$$

wird jetzt geschrieben:

$$\Sigma \underline{U} = 0$$

Die praktische Anwendung der Wechselstromwiderstände und -Leitwerte soll an einigen einfachen Beispielen näher erklärt werden.

Beispiel Reihenschaltung:

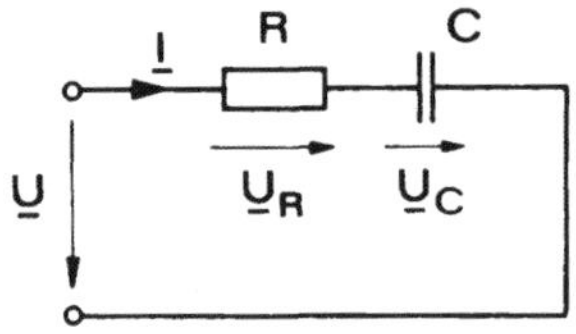

Bild 4.4 RC-Reihenschaltung

Über die in Bild 4.4 dargestellte Reihenschaltung eines ohmschen Widerstandes und eines idealen Kondensators fließt ein sinusförmiger Strom mit dem Effektivwert I und der Frequenz f. Beide Werte sind ebenso wie der Widerstandswert R und die Kapazität C bekannt. Gefragt ist nach der Gesamtspannung an der Reihenschaltung und den Teilspannungen an den Elementen.

Es sei zunächst festgehalten, daß die Voraussetzungen für die Anwendung der komplexen Schreibweise erfüllt sind. Als nächster Schritt – das ist im Bild 4.4 schon geschehen – werden die Zählpfeile für die Spannungen und den Strom eingezeichnet. Es sei daran erinnert, daß damit die Verabredung getroffen wird, in welcher Richtung die Größen positiv zu zählen sind. Bei harmonischen Größen kann das natürlich nur für einen festgehaltenen Zeitpunkt gelten.

Entsprechend den Definitionen (4.19) und (4.21) wird für die Einzelwiderstände geschrieben:

$$\underline{Z}_R = R; \quad \underline{Z}_C = \frac{1}{j\omega C} = \frac{1}{\omega C} \cdot \underline{/-90^\circ}$$

Hierin ist

$$\omega = 2\pi f$$

Bei der Darstellung von harmonischen Größen besteht bei der Wahl des Nullpunktes auf der Zeitachse für eine Größe völlige Freiheit. Zweckmäßigerweise wird bei einer Größe ihr Nulldurchgang dazu benutzt, den Nullpunkt auf der Zeitachse festzulegen. In der komplexen Schreibweise bedeutet das, daß eine Größe willkürlich als Realgröße angenommen werden kann. Bei der Darstellung in der komplexen Ebene wird diese Größe in die Realachse gelegt.

Es ist nun sehr praktisch, eine solche Größe in die Realachse zu legen, die mehreren Elementen gemeinsam ist. Daraus leitet sich der Hinweis ab, daß möglichst

bei einer Reihenschaltung der Strom
bei einer Parallelschaltung die Spannung

in die Realachse zu legen sind.

Im vorliegenden Beispiel wird der Strom als Realgröße definiert. Damit können die Teilspannungen dann berechnet werden:

$$\underline{U}_R = I \cdot \underline{Z}_R = I \cdot R \tag{4.22}$$

$$\underline{U}_C = I \cdot \underline{Z}_C = I \cdot \frac{1}{j\omega C} = I \cdot \frac{1}{\omega C} \cdot \underline{/-90^\circ}$$

Die Gleichungen (4.22) sagen aus, daß die Spannung am Widerstand dieselbe Richtung hat wie der Strom und einen Betrag $I \cdot R$. Die Spannung am Kondensator hat einen Betrag $I \cdot \frac{1}{\omega C}$ und ist gegenüber der Richtung des Stromes um -90° verdreht.

Nach den Beziehungen für reihengeschaltete Widerstände (3.9) ergibt sich für die Gesamtspannung an der Reihenschaltung:

$$\underline{U} = \underline{U}_R + \underline{U}_C$$

Das Bild 4.5 zeigt die Darstellung des Stromes und der Teilspannungen in der komplexen Ebene.

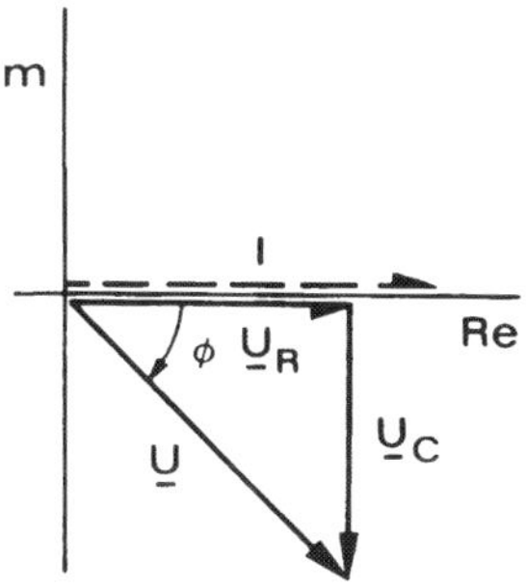

Bild 4.5 Zeigerdiagramm des Stromes und der Spannungen einer Reihenschaltung nach Bild 4.4

Der Betrag der Spannung und ihre Richtung kann aus den Komponenten berechnet werden:

$$U = \sqrt{U_R^2 + U_C^2} \tag{4.23}$$

$$\phi = \arctan \frac{-U_C}{U_R} = \arctan -\frac{1}{R\omega C}$$

Wie in Abschn. 4.3 gezeigt wird, sind nur gleichgerichtete Komponenten von Strom und Spannung an der Wirkleistung beteiligt. Deshalb wird die Komponente einer Größe, die in Richtung einer Bezugsgröße zeigt, die **Wirk-Komponente** genannt. Die dazu senkrechte Komponente heißt **Blind-Komponente.**

Im Beispiel der Reihenschaltung wird der Strom als Bezugsgröße gewählt. Die Komponente der Gesamtspannung, die in seine Richtung zeigt, ist die

Wirkspannung:

$$U_R = U \cdot \cos \phi \tag{4.24}$$

Die Komponente, die senkrecht zum Strom gerichtet ist, heißt

Blindspannung:

$$U_C = U \cdot \sin \phi \tag{4.25}$$

Auch die Widerstände können in der komplexen Ebene dargestellt werden, wie Bild 4.6 zeigt.

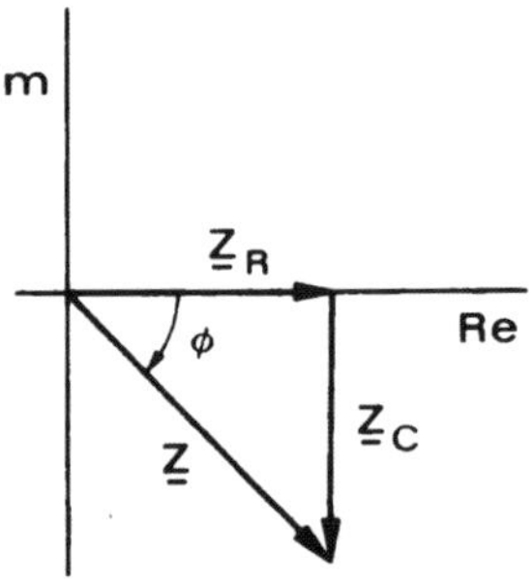

Bild 4.6 Zeigerdiagramm der Widerstände der Reihenschaltung nach Bild 4.4

Der Gesamtwiderstand $\underline{Z}$ ergibt sich im Beispiel der Reihenschaltung dabei aus der Summe der Einzelwiderstände.

$$\underline{Z} = \underline{Z}_R + \underline{Z}_C = R + \frac{1}{j\omega C} \tag{4.26}$$

$$\underline{Z} = Z \cdot \underline{/\phi} = Z\,(\cos \phi + j \sin \phi)$$

Es wird genannt:

Wirkwiderstand:

$$Z_R = Z \cos \phi \tag{4.27}$$

Blindwiderstand:

$$Z_C = Z \sin \phi \tag{4.28}$$

Beispiel Parallelschaltung:

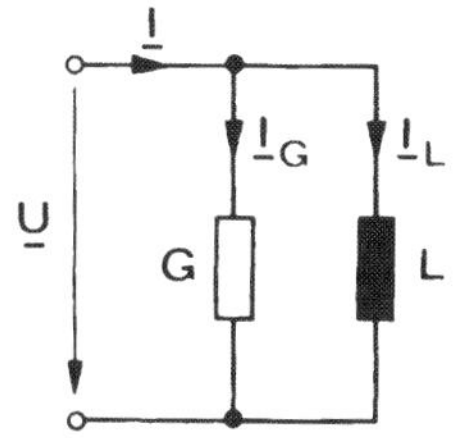

Bild 4.7 GL-Parallelschaltung

An der in Bild 4.7 dargestellten Parallelschaltung sei die harmonische Spannung U von der Frequenz f vorhanden. G und L seien bekannt. Wie groß sind der Gesamtstrom und die Teilströme?

Die Voraussetzungen für die komplexe Schreibweise sind erfüllt.
Im Bild 4.7 sind bereits die Zählpfeile eingezeichnet.

Bei der Parallelschaltung wird vorteilhaft mit den Leitwerten gerechnet. Außerdem wird die Spannung in die Realachse gelegt.

$$\underline{Y}_R = G; \quad \underline{Y}_L = \frac{1}{j\omega L} = \frac{1}{\omega L} \underline{/-90°}$$

$$\underline{I}_G = U \cdot \underline{Y}_G = U \cdot G$$

$$\underline{I}_L = U \cdot \underline{Y}_L = U \cdot \frac{1}{j\omega L} = U \cdot \frac{1}{\omega L} \underline{/-90°}$$

Aus diesen Teilströmen ergibt sich unter Anwendung der Beziehung (3.14) der Gesamtstrom:

$$\underline{I} = \underline{I}_G + \underline{I}_L$$

Das Bild 4.8 zeigt die Darstellung der Spannung und der Ströme für dieses Beispiel in der komplexen Ebene.

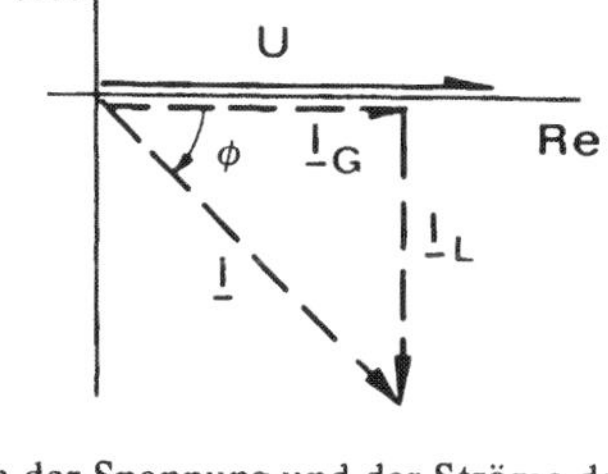

Bild 4.8 Zeigerdiagramm der Spannung und der Ströme der Parallelschaltung nach Bild 4.7

Bei diesem Beispiel wird die Spannung als Bezugsgröße verwendet. Auf sie bezogen erfolgt die Komponentenzerlegung des Stromes:

Wirkstrom

$$I_G = I \cdot \cos \phi \tag{4.29}$$

Blindstrom

$$I_L = I \cdot \sin \phi \tag{4.30}$$

4.3 Berechnung der Leistung bei harmonischen Größen

Im Abschn. 2.3 wurde allgemein die Leistung bei zeitveränderlichen Größen definiert. Der Augenblickswert der Leistung ist nach Gleichung (1.11) zu bilden:

$$p(t) = u(t) \cdot i(t)$$

Nach der Gleichung (2.13) ist die **Wirkleistung** aus dem über eine Periode gebildeten arithmetischen Mittelwert der Augenblicksleistung zu berechnen.

In diesem Abschnitt soll gezeigt werden, wie die Wirkleistung zu berechnen ist, wenn Strom und Spannung harmonische Größen sind.

Mit

$$u(t) = \frac{1}{\sqrt{2}} \cdot (\underline{U}\, e^{j\omega t} + \underline{U}^+ e^{-j\omega t})$$

und

$$i(t) = \frac{1}{\sqrt{2}} \cdot (\underline{I}\, e^{j\omega t} + \underline{I}^+ e^{-j\omega t})$$

ergibt sich

$$p(t) = \frac{1}{2} \cdot (\underline{U}\,\underline{I}\, e^{j2\omega t} + \underline{U}^+\,\underline{I}^+ e^{-2\omega t} + \underline{U}\,\underline{I}^+ + \underline{U}^+\,\underline{I}) \tag{4.31}$$

Hierin bedeuten:

$$\underline{U} = U \cdot e^{j\phi_u} = U\,\underline{/\phi_u}$$

$$\underline{I} = I \cdot e^{j\phi_i} = I\,\underline{/\phi_i}$$

Im Bild 4.9 sind diese Zeitverläufe von Strom und Spannung aufgezeichnet.

Mit den Beziehungen:

$$\underline{U}^+\,\underline{I}^+ \cdot e^{-j2\omega t} = [\underline{U}\,\underline{I} \cdot e^{j2\omega t}]^+ \quad \text{und} \quad \underline{U}^+\,\underline{I} = [\underline{U}\,\underline{I}^+]^+$$

läßt sich die Gleichung (4.31) umschreiben:

$$p(t) = \frac{1}{2}\,[\underline{U}\,\underline{I}^+ + (\underline{U}\,\underline{I}^+)^+ + \underline{U}\,\underline{I} \cdot e^{j2\omega t} + (\underline{U}\,\underline{I} \cdot e^{j2\omega t})^+] \tag{4.32}$$

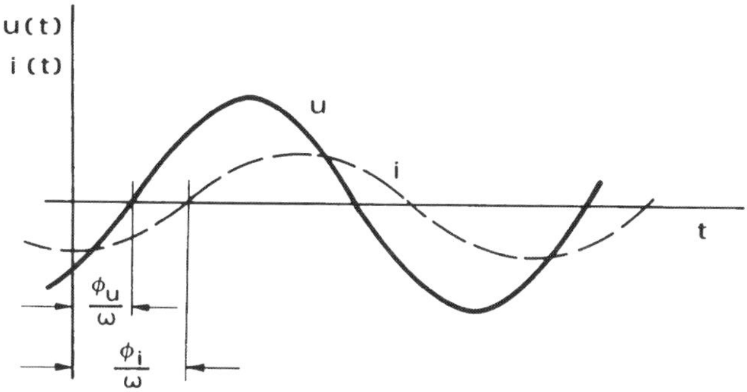

Bild 4.9 Strom und Spannung bei harmonischem Zeitverlauf

Unter Berücksichtigung der Gleichung (4.6) ergibt sich:

$$p(t) = \mathrm{Re}\,[\underline{U}\,\underline{I}^+ + \underline{U}\,\underline{I} \cdot e^{j2\omega t}] \tag{4.33}$$

Die Gleichung (4.33) zeigt, wie der Augenblickswert der Leistung p (t) bei harmonischen Größen für Spannung und Strom zu bilden ist, wenn die Zeigergrößen $\underline{U}$ und $\underline{I}$ gegeben sind. Mit den Aussagen des Abschn. 4.1 kann daraus auch die Zeitfunktion p (t) abgeleitet werden:

$$p(t) = U\,I \cos(\phi_u - \phi_i) + U\,I \cos(2\omega t + \phi_u + \phi_i) \tag{4.34}$$

Die Gleichung (4.34) enthält zwei wichtige Aussagen:

> Der Augenblickswert der Leistung p(t) pulsiert mit der doppelten Frequenz von Strom und Spannung. Die Amplitude der Leistungspulsation ist durch das Produkt U · I gegeben.

Der Mittelwert der Leistung über eine Periode – **die Wirkleistung** – ergibt sich zu:

$$P = \frac{1}{T}\int_0^T p(t)\,dt = \mathrm{Re}\,(\underline{U}\,\underline{I}^+) = U\,I\cos(\phi_u - \phi_i) \tag{4.35}$$

Der Winkel $(\phi_u - \phi_i)$ ist der Winkel zwischen Strom und Spannung (s. Bild 4.9) und wird meist nur mit ϕ bezeichnet. Dies in der Gleichung (4.35) berücksichtigt, ergibt für die Wirkleistung

$$P = U \cdot I \cdot \cos\phi$$

Es sei darauf aufmerksam gemacht, daß das Produkt

$$P = U \cdot (I \cdot \cos\phi)$$

das Produkt der Spannung mit der Komponente des Stromes darstellt, die in die Richtung der Spannung zeigt.

Entsprechend stellt die Größe

$$Q = U \cdot (I \cdot \sin \phi)$$

das Produkt der Spannung mit der Komponente des Stromes dar, die auf der Spannung senkrecht steht. Diese Größe wird **Blindleistung** genannt. (Vergl. hierzu Bild 4.8)

Das Produkt der Effektivwerte U · I – die Amplitude, mit der die Leistung pulsiert – wird **Scheinleistung** genannt. Diese ist für die Dimensionierung der elektrotechnischen Geräte von Bedeutung. Es muß ja sowohl die Amplitude der Spannung ausgehalten als auch die Amplitude des Stromes geführt werden können, auch wenn nur die gleichgerichteten Komponenten an der Wirkleistung beteiligt sind.

Scheinleistung $$S = U \cdot I \qquad (4.36)$$

Blindleistung $$Q = U \cdot I \cdot \sin \phi \qquad (4.37)$$

Das Verhältnis von Wirkleistung zu Scheinleistung wird mit **Leistungsfaktor** bezeichnet. Im Falle der harmonischen Größen für Strom und Spannung ist der Leistungsfaktor mit dem Kosinus des Phasenverschiebungswinkels identisch:

Leistungsfaktor $$\frac{P}{S} = \cos \phi \qquad (4.38)$$

Das Bild 4.10 zeigt die Zeitverläufe von Strom i (t) und Spannung u (t) und Leistung p (t) bei verschiedenen Phasenwinkeln zwischen Strom und Spannung. Ist der Phasenwinkel Null (oberes Diagramm) hat der Mittelwert P – die Wirkleistung – den maximalen Wert. Ist ein Phasenwinkel zwischen Strom und Spannung vorhanden (z. B. zweites Diagramm) so treten negative Augenblickswerte der Leistung auf und der Mittelwert P ist gegenüber dem oberen Diagramm kleiner geworden. Bei 90° Phasenverschiebung zwischen Spannung und Strom hat der Mittelwert P schließlich den Wert Null (drittes Diagramm). Bei 180° Phasenverschiebung (unteres Diagramm) hat P wieder den maximalen Betrag, jedoch ein negatives Vorzeichen gegenüber dem Fall der Phasenverschiebung Null. Die Richtung des Leistungsumsatzes hat sich geändert.

4.4 Mehrphasensysteme

Mehrphasensysteme entstehen, wenn mehrere harmonische Spannungs- oder Stromquellen ein und derselben Frequenz aber unterschiedlicher Anfangs-Phasenlage zusammenarbeiten. Diese Systeme besitzen bei der Übertragung und Anwendung elektrischer Energie eine besondere Bedeutung.

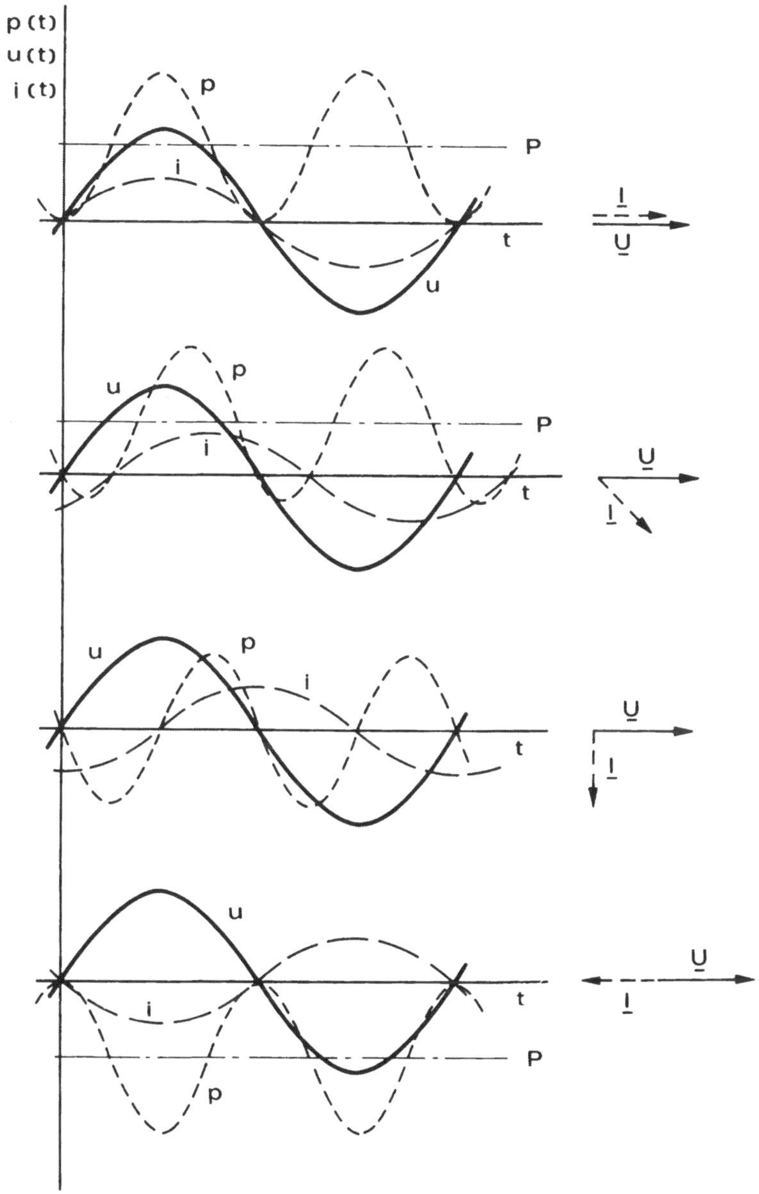

Bild 4.10 Zeitverläufe von Strom i, Spannung u und Leistung p bei verschiedenen Phasenwinkeln

Als Beispiel soll das häufig verwendete Dreiphasensystem (Drehstromsystem) betrachtet werden. Bei ihm sind die Beträge der drei speisenden Spannungen gleich, dieses System ist **betragssymmetrisch**. Auch die Phasenunterschiede zwischen den drei speisenden Spannungen sind gleich, d. h. das System ist **phasensymmetrisch**.

Das Bild 4.11 zeigt drei Spannungsquellen, aus denen das Dreiphasensystem aufgebaut werden soll.

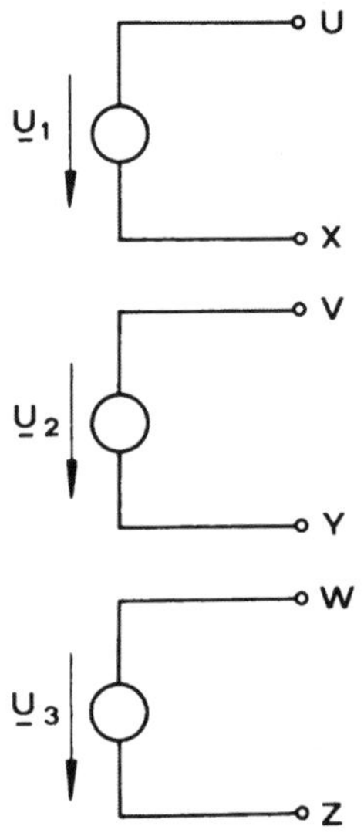

Bild 4.11 Dreiphasensystem, unverkettete Spannungsquellen

Es besteht aus den drei Spannung $\underline{U}_1$, $\underline{U}_2$, $\underline{U}_3$:

$$\underline{U}_1 = U_1 \,\underline{/\,\phi_{u1}}; \qquad \underline{U}_2 = U_2 \,\underline{/\,\phi_{u2}}; \qquad \underline{U}_3 = U_3 \,\underline{/\,\phi_{u3}} \tag{4.39}$$

Wegen der Betragssymmetrie des zu bildenden Dreiphasensystems gilt:

$$U_1 = U_2 = U_3 \tag{4.40}$$

und wegen der Phasensymmetrie

$$\Delta\phi = \phi_{u1} - \phi_{u2} = \phi_{u2} - \phi_{u3} = \phi_{u3} - \phi_{u1} \tag{4.41}$$

$$\Delta\phi = \frac{2\pi}{3}$$

Die in Bild 4.11 dargestellten Generatorspannungen können auf zwei verschiedene Arten zu einem Mehrphasensystem zusammengeschaltet oder „verkettet" werden, wie Bild 4.12 zeigt.

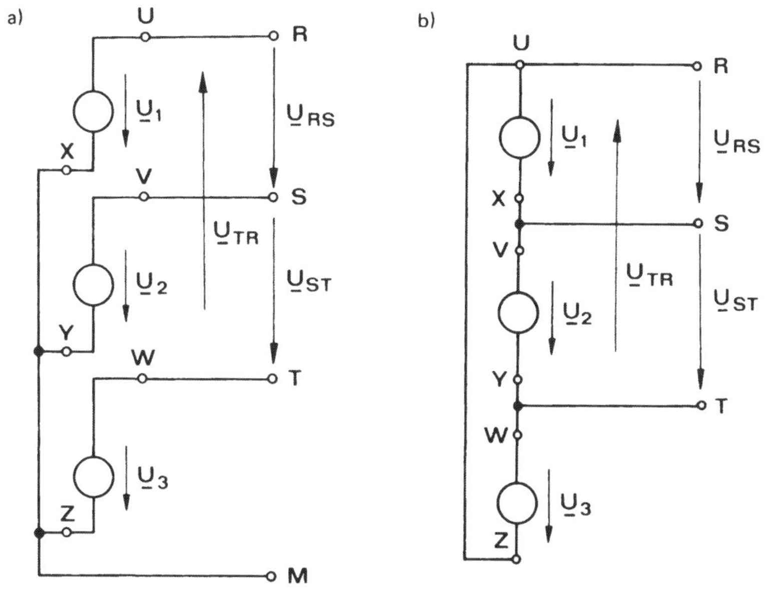

Bild 4.12 Verkettung dreier Spannungsquellen zu einem Dreiphasensystem
a) Stern- oder Y-Schaltung
b) Dreieck- oder Δ-Schaltung

Bei der Verkettung in Y-Schaltung gilt:

$$\underline{U}_{RS} = \underline{U}_1 - \underline{U}_2 \qquad (4.42)$$
$$\underline{U}_{ST} = \underline{U}_2 - \underline{U}_3$$
$$\underline{U}_{TR} = \underline{U}_3 - \underline{U}_1$$

Für die Δ-Schaltung gilt:

$$\underline{U}_{RS} = \underline{U}_1 \qquad (4.43)$$
$$\underline{U}_{ST} = \underline{U}_2$$
$$\underline{U}_{TR} = \underline{U}_3$$

In analoger Weise können drei passive Zweipole in Y-Schaltung oder Δ-Schaltung zu einem „Drehstromverbraucher“ zusammengeschaltet werden.

Bei der Anwendung des Dreiphasensystems werden die folgenden Begriffe verwendet:

> Bei der Y-Verkettung wird der gemeinsame Punkt (X, Y, Z im Bild 4.12a) **Mittelpunkt** oder **Sternpunkt** des Netzes genannt (Klemme M).

Die an die Punkte R, S, T angeschlossenen Leiter heißen **Außenleiter,** der an M angeschlossene Leiter **Mittelpunkt-** oder **Sternpunktleiter.**

Die Innenleiter eines Generators oder eines Verbrauchers heißen **Stränge.**
(Beispiel: Elemente zwischen U und X bei Δ-Verkettung.)

Die Spannung zwischen einem Außenleiter und dem Mittelpunkt wird **Leiter-Mittelpunktspannung** (auch Stern- oder Phasenspannung) genannt.

Die Spannung zwischen zwei Außenleitern heißt **Außenleiterspannung** (auch Dreieck- oder verkettete Spannung).

Für die Darstellung des Dreiphasensystems in der komplexen Ebene werden die in Bild 4.13a gezeichneten Zählpfeile gewählt. Außerdem wird die Spannung $\underline{U}_{RM}$ in die Realachse gelegt. Entsprechend der Beziehung (4.42) gilt für die Außenleiterspannungen

$$\underline{U}_{RS} = \underline{U}_{RM} - \underline{U}_{SM}$$
$$\underline{U}_{ST} = \underline{U}_{SM} - \underline{U}_{TM}$$
$$\underline{U}_{TR} = \underline{U}_{TM} - \underline{U}_{RM}$$

Die einzelnen Spannungen des Systems lassen sich dann wie folgt schreiben:

$$\underline{U}_{RM} = U \qquad \underline{U}_{RS} = \sqrt{3} \cdot U \,\underline{/+\;30^\circ} \qquad (4.44)$$
$$\underline{U}_{SM} = U \,\underline{/-120^\circ} \qquad \underline{U}_{ST} = \sqrt{3} \cdot U \,\underline{/-\;90^\circ}$$
$$\underline{U}_{TM} = U \,\underline{/+120^\circ} \qquad \underline{U}_{TR} = \sqrt{3} \cdot U \,\underline{/+150^\circ}$$

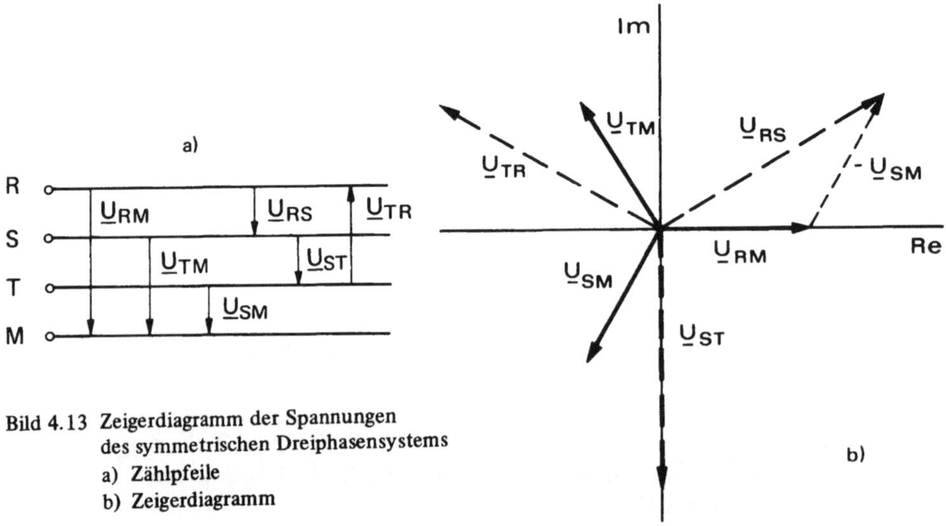

Bild 4.13 Zeigerdiagramm der Spannungen des symmetrischen Dreiphasensystems
a) Zählpfeile
b) Zeigerdiagramm

An das mit den Gleichungen (4.44) beschriebene, symmetrische System der speisenden Spannungen können beliebige Drehstromverbraucher angeschlossen werden.

Verbraucher in Y-Schaltung

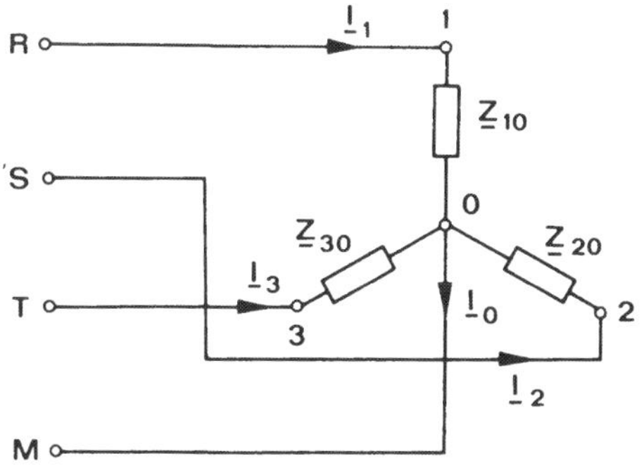

Bild 4.14 Beispiel eines Verbrauchers in Y-Schaltung mit angeschlossenem Sternpunkt

Der Verbraucher stellt eine **symmetrische Belastung** dar, wenn $\underline{Z}_{10} = \underline{Z}_{20} = \underline{Z}_{30}$.

Allgemein ergeben sich die Verbraucherstrangströme bei einem Verbraucher in Y-Schaltung mit angeschlossenem Sternpunkt (Vierleiternetz) zu:

$$\underline{I}_1 = \underline{U}_{RM}/\underline{Z}_{10} \qquad (4.45)$$
$$\underline{I}_2 = \underline{U}_{SM}/\underline{Z}_{20} \qquad \underline{I}_0 = \underline{I}_1 + \underline{I}_2 + \underline{I}_3$$
$$\underline{I}_3 = \underline{U}_{TM}/\underline{Z}_{30}$$

Für den Spezialfall des symmetrischen Verbrauchers ($\underline{Z}_{10} = \underline{Z}_{20} = \underline{Z}_{30} = \underline{Z}$) ergibt sich hieraus

$$\underline{I}_1 + \underline{I}_2 + \underline{I}_3 = (\underline{U}_{RM} + \underline{U}_{SM} + \underline{U}_{TM}) / \underline{Z}$$

Da die Summe der Leiter-Mittelpunktspannungen Null ist (Bild 4.13b), ist auch die Summe der Strangströme und damit der Strom im Mittelpunktleiter $\underline{I}_0$ gleich Null. Bei einem symmetrischen Verbraucher führt der Mittelpunktleiter keinen Strom.

Im Gegensatz dazu ist bei einem unsymmetrischen Verbraucher der Strom im Mittelpunktleiter von Null verschieden, $\underline{I}_0 \neq$ Null.

Sind der Mittelpunkt des speisenden Netzes und der Sternpunkt des Verbrauchers nicht verbunden (Dreileiternetz), so besteht bei symmetrischen Verbrauchern keine Spannung zwischen diesen beiden Punkten. Bei einem unsymmetrischen Verbraucher tritt eine Spannung zwischen diesen beiden Punkten auf, $\underline{U}_{0M} \neq$ Null.

Verbraucher in Δ-Schaltung

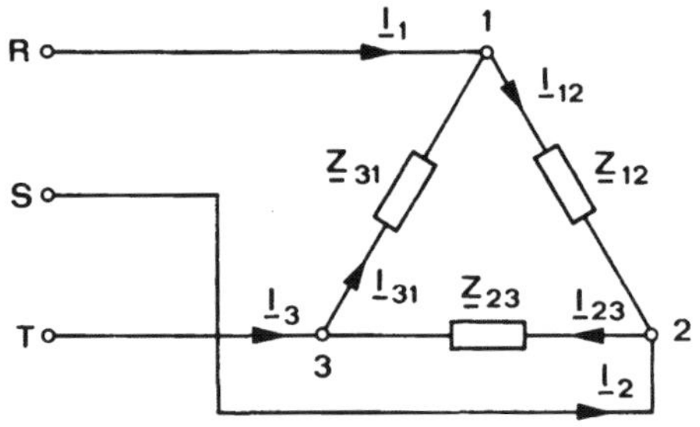

Bild 4.15 Beispiel eines Verbrauchers in Δ-Schaltung

Symmetrisch ist der Verbraucher dann, wenn $\underline{Z}_{12} = \underline{Z}_{23} = \underline{Z}_{31}$.

Für den Verbraucher in Δ-Schaltung ergeben sich die Strangströme zu:

$$\underline{I}_{12} = \underline{U}_{RS}/\underline{Z}_{12} \quad (4.46)$$

$$\underline{I}_{23} = \underline{U}_{ST}/\underline{Z}_{23}$$

$$\underline{I}_{31} = \underline{U}_{TR}/\underline{Z}_{31}$$

Die Außenleiterströme werden aus den Gleichungen für die Knotenpunkte 1, 2 und 3 berechnet:

$$\underline{I}_1 = \underline{I}_{12} - \underline{I}_{31} \quad (4.47)$$

$$\underline{I}_2 = \underline{I}_{23} - \underline{I}_{12}$$

$$\underline{I}_3 = \underline{I}_{31} - \underline{I}_{23}$$

Diese Gleichungen sind für einen symmetrischen Verbraucher im Zeigerdiagramm des Bildes 4.16 dargestellt.

Aus dem Zeigerdiagramm geht für den symmetrischen Verbraucher in Δ-Schaltung hervor, daß der Betrag der Außenleiterströme $\sqrt{3}$ mal so groß ist, wie der Betrag der Strangströme

$$I_1 = \sqrt{3} \cdot I_{12}$$

Leistung im Drehstromsystem

Die Gesamtleistung, die in einem Drehstromverbraucher umgesetzt wird, ergibt sich grundsätzlich aus der Summe der Leistungen in den drei Strängen des Verbrauchers.

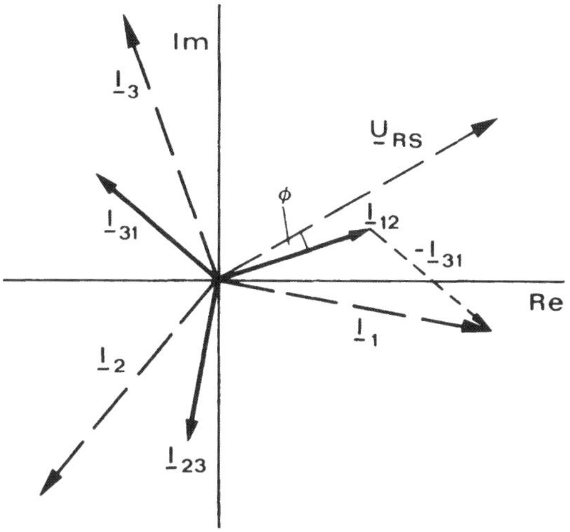

Bild 4.16 Zeigerdiagramm der Ströme eines Verbrauchers in Δ-Schaltung nach Bild 4.15

Bei **symmetrischen Verbrauchern** sind die Beträge der Spannungen und Ströme und die Phasenwinkel zwischen ihnen in allen Strängen gleich. Dann kann die Leistung wie folgt berechnet werden:

Y-Schaltung: $P = 3 \cdot U_Y \cdot I_{Leiter} \cos \phi$ (4.49)

$P = \sqrt{3} \cdot U_\Delta \cdot I_{Leiter} \cos \phi$

Mit ϕ ist hierin der Phasenwinkel zwischen Strom und Spannung eines Stranges des Verbrauchers bezeichnet. I_{Leiter} bezeichnet den Strom im Außenleiter.

Δ-Schaltung: $P = 3 \cdot U_\Delta \cdot I_{Strang} \cos \phi$ (4.50)

$P = \sqrt{3} \cdot U_\Delta \cdot I_{Leiter} \cos \phi$

Auch hierbei ist mit ϕ der Phasenwinkel zwischen Strom und Spannung eines Verbrauchers bezeichnet.

Bei symmetrischer Last ist – unabhängig von der Schaltung des Verbrauchers – die übertragene Leistung:

$$P = \sqrt{3} \cdot U_\Delta \cdot I_{Leiter} \cos \phi$$

Umrechnung äquivalenter Verbraucher-Schaltungen

Mit den in (4.51) zusammengestellten Beziehungen kann ein Verbraucher in Y-Schaltung in einen äquivalenten Verbraucher in Δ-Schaltung umgerechnet werden und umgekehrt (die Schaltungen und die Bezeichnungen sind dem Bild 4.17 zu entnehmen):

$$\underline{Z}_{10} = \frac{\underline{Z}_{12} \cdot \underline{Z}_{31}}{\Sigma\, \underline{Z}_{ik}} \qquad \underline{Y}_{12} = \frac{\underline{Y}_{10} \cdot \underline{Y}_{20}}{\Sigma\, \underline{Y}_{i0}} \tag{4.51}$$

$$\underline{Z}_{20} = \frac{\underline{Z}_{23} \cdot \underline{Z}_{12}}{\Sigma\, \underline{Z}_{ik}} \qquad \underline{Y}_{23} = \frac{\underline{Y}_{20} \cdot \underline{Y}_{30}}{\Sigma\, \underline{Y}_{i0}}$$

$$\underline{Z}_{30} = \frac{\underline{Z}_{31} \cdot \underline{Z}_{23}}{\Sigma\, \underline{Z}_{ik}} \qquad \underline{Y}_{31} = \frac{\underline{Y}_{30} \cdot \underline{Y}_{10}}{\Sigma\, \underline{Y}_{i0}}$$

$$\Sigma\, \underline{Z}_{ik} = \underline{Z}_{12} + \underline{Z}_{23} + \underline{Z}_{31} \qquad \Sigma\, \underline{Y}_{i0} = \underline{Y}_{10} + \underline{Y}_{20} + \underline{Y}_{30}$$

Umrechnung einer Δ-Schaltung in die äquivalente Y-Schaltung

Umrechnung einer Y-Schaltung in eine äquivalente Δ-Schaltung

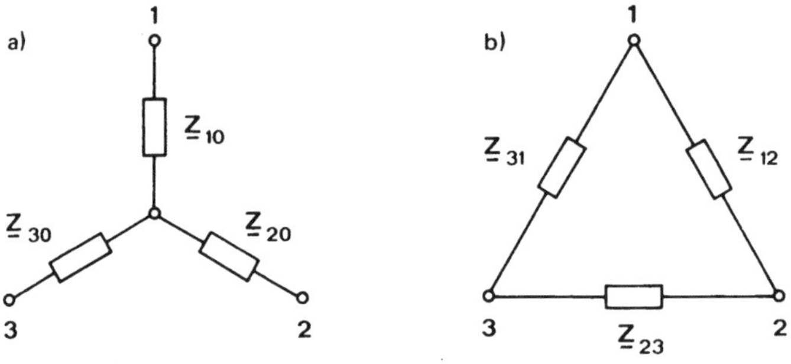

Bild 4.17 Zur Umrechnung äquivalenter Verbraucher-Schaltungen
a) Verbraucher in Y-Schaltung
b) Verbraucher in Δ-Schaltung

4.5 Aufgaben zum Abschnitt 4

Aufgabe 4.51

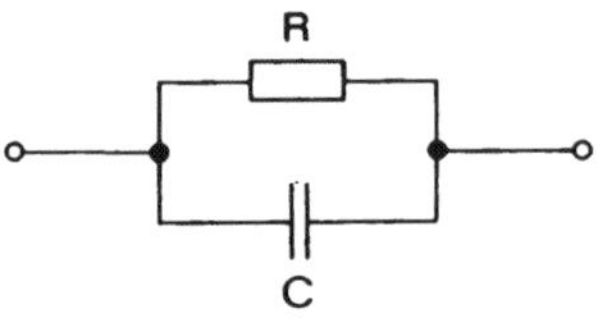

Wie groß sind Betrag und Phasenwinkel des resultierenden Widerstandes $\underline{Z}_p$ bei einer Frequenz von 2,5 kHz?

$R = 1{,}5\ \text{k}\Omega$; $C = 0{,}1\ \mu\text{F}$

Aufgabe 4.52

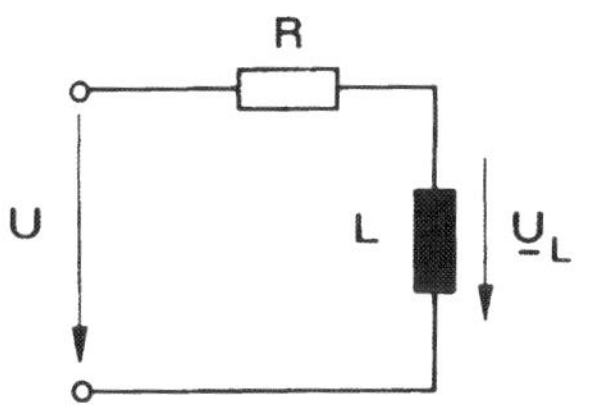

Wie groß sind Betrag und Phasenwinkel sowie Wirk- und Blindkomponente der Spannung $\underline{U}_L$?

$R = 470\,\Omega$; $L = 1{,}2\,H$
$U = 220\,V$; $f = 50\,Hz$

Die Spannung ist sinusförmig.

Aufgabe 4.53

Ein induktiver Verbraucher wird durch die Reihenschaltung der Elemente R_R und X_R beschrieben. Wie groß sind die Elemente R_P und X_P der äquivalenten Parallelschaltung?

$R_R = 2\,\Omega$; $X_R = 10\,\Omega$

Aufgabe 4.54

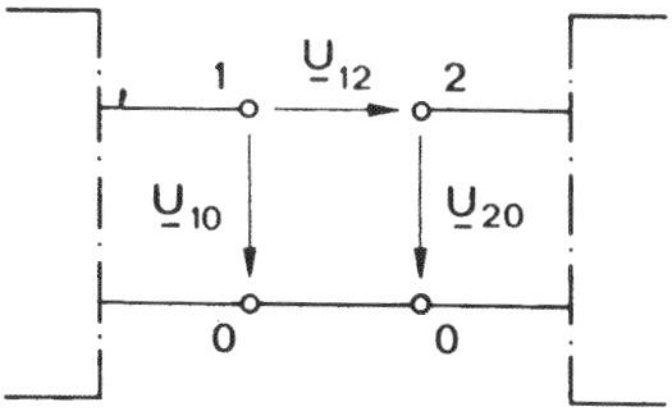

Die Spannung $\underline{U}_{12}$ ist zu berechnen.

$\underline{U_{10}} = 135\,V \cdot \underline{/\ 34^\circ}$
$\underline{U_{20}} = 64\,V \cdot \underline{/-64^\circ}$

Aufgabe 4.55

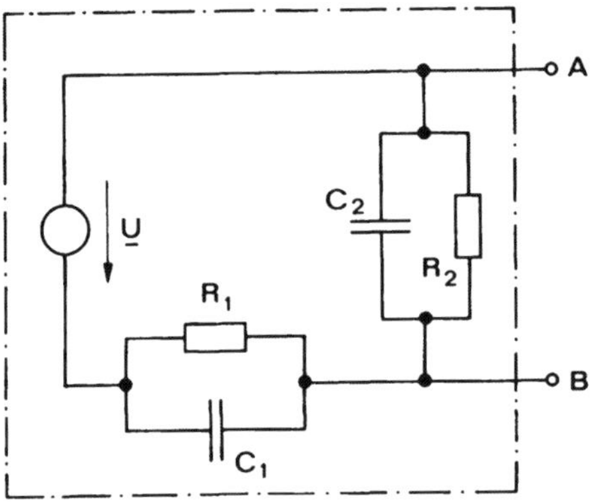

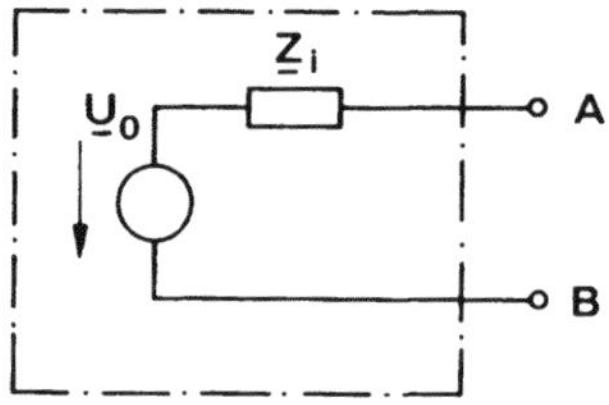

Für den skizzierten, aktiven Zweipol ist die Ersatzspannungsquelle, d. h. $U_0 \cdot \angle\phi_0$ und $Z_i \cdot \angle\phi_i$ zu berechnen.

U	$= 120\ \text{V}$	f	$= 15{,}9\ \text{kHz}$
R_1	$= 5\ \text{k}\Omega$	R_2	$= 4\ \text{k}\Omega$
C_1	$= 2\ \text{nF}$	C_2	$= 8\ \text{nF}$

Aufgabe 4.56

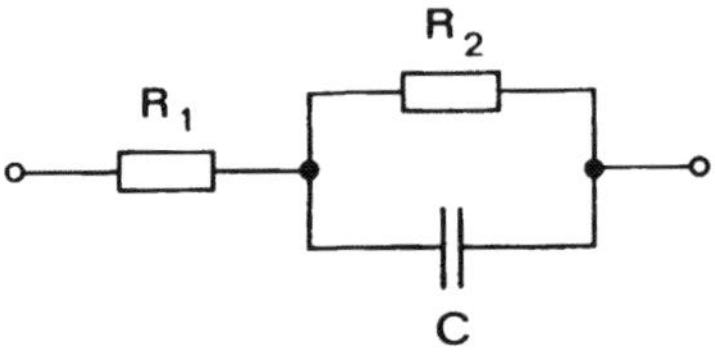

Über die skizzierte Schaltung fließt ein Strom von 2,25 A, 50 Hz. Es sind die Gesamtspannung und die Teilströme der Parallelschaltung zu berechnen.

$$R_1 = 86\ \Omega,\ R_2 = 180\ \Omega,\ C = 16\ \mu\text{F}$$

Aufgabe 4.57

Ein symmetrisches Drehstromsystem 3 × 380/220 V, 50 Hz wird durch eine unsymmetrische Dreieckschaltung mit den nachstehenden Werten belastet:

$$\underline{Z}_{RS} = 20\ \Omega,\ \underline{Z}_{ST} = 20\ \Omega,\ \underline{Z}_{TR} = 31{,}4\ \Omega + j\ 16\ \Omega.$$

Es sind alle Ströme zu berechnen.

Aufgabe 4.58

Ein symmetrischer Drehstromverbraucher ($\underline{Z} = 11\ \Omega\ \angle +30^\circ$) ist in Y-Schaltung an das 380 V/220 V-Netz geschaltet, ohne daß der Sternpunkt mit dem Mittelpunkt des Netzes verbunden ist. Durch Drahtbruch in einem der Verbraucherstränge ist der Betrieb unsymmetrisch geworden. Wie groß ist die Spannung zwischen dem Sternpunkt der Last und dem Mittelpunkt des Netzes? Wie groß sind die Außenleiterströme?

Aufgabe 4.59

Es ist nachzuweisen, daß beim Betrieb eines symmetrischen Verbrauchers am symmetrischen Drehstromnetz keine Leistungspulsation auftritt.

Lösungen der Aufgaben zum Abschnitt 4

Aufgabe 4.51

Bei der vorliegenden Parallelschaltung sind die Leitwerte zu addieren. Die Voraussetzungen für die komplexe Rechnung sind erfüllt.

$$\underline{Y}_P = \underline{Y}_R + \underline{Y}_C; \quad \underline{Y}_P = \frac{1}{R} = 0{,}667 \text{ ms}$$

$$\underline{Y}_C = j\omega C = j\, 2\pi \cdot 2{,}5 \cdot 10^3\ \frac{1}{s} \cdot 10^{-7}\ F$$

$$\underline{Y}_C = j \cdot 1{,}57 \text{ mS}$$

$$\underline{Y}_P = 0{,}667 \text{ mS} + j \cdot 1{,}57 \text{ mS} = 1{,}71 \text{ mS} \cdot \angle 67^\circ$$

$$\underline{Z}_P = \frac{1}{\underline{Y}_P}; \qquad \underline{Z}_P = 585\ \Omega \cdot \angle -67^\circ$$

Es ist zu beachten, daß die komplexen Größen bei der Addition vorteilhaft in der Komponentenform und bei der Multiplikation, sowie bei der Bildung des Reziprokwertes, in der Polarform verwendet werden.

Aufgabe 4.52

Die Voraussetzungen für die komplexe Rechnung sind erfüllt. Auf die Reihenschaltung kann die Spannungsteilerregel angewendet werden. Die Gesamtspannung U wird in die Realachse gelegt.

$$\frac{\underline{U}_L}{U} = \frac{\underline{Z}_L}{\underline{Z}_R + \underline{Z}_L}$$

$$\underline{U}_L = U\, \frac{j\omega L}{R + j\omega L}$$

$$\underline{U}_L = 220\text{ V}\,\frac{j\cdot 377\,\Omega}{470\,\Omega + j\,377\,\Omega} = 220\text{ V}\,\frac{377\,\Omega\,\underline{/\,90^\circ}}{602\,\Omega\,\underline{/\,38{,}7^\circ}}$$

$$\underline{U}_L = 138\text{ V}\cdot\underline{/\,51{,}3^\circ} = 86{,}2\text{ V} + j\cdot 107{,}5\text{ V}$$

Die letzte Zeile gibt die Spannung an der Induktivität sowohl nach Betrag und Phase als auch zerlegt in Wirk- und Blindkomponente (in Bezug auf die Speisespannung U) wieder.

Aufgabe 4.53

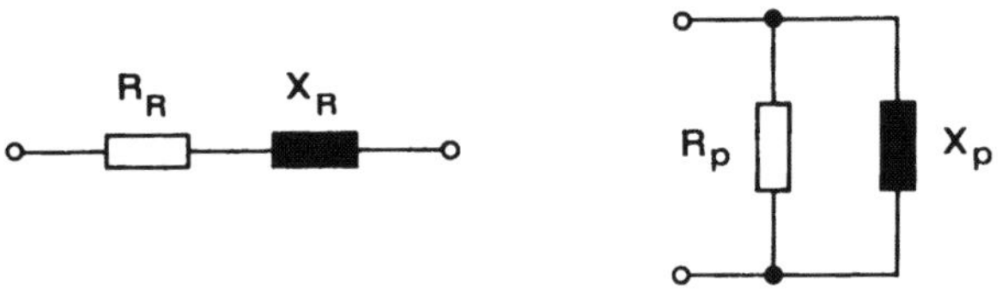

Für die Reihenschaltung gilt:

$$\underline{Z}_R = R_R + jX_R = Z_R\cdot\underline{/\,\phi}; \qquad \tan\phi = \frac{X_R}{R_R}$$

$$\underline{Z}_R = Z_R\,(\cos\phi + j\sin\phi)$$

$$\underline{Y}_R = \frac{1}{Z_R}\cdot\underline{/\,-\phi} = \frac{1}{Z_R}\,(\cos\phi - j\sin\phi)$$

Für die Parallelschaltung gilt:

$$\underline{Y}_P = \frac{1}{R_P} + \frac{1}{jX_P} = \frac{1}{R_P} - j\cdot\frac{1}{X_P}$$

Die Bedingung der Äquivalenz lautet:

$$\underline{Y}_R = \underline{Y}_P$$

Hieraus folgt für die Größen R_P und X_P:

$$\frac{1}{R_P} = \frac{1}{Z_R}\cos\phi; \qquad R_P = \frac{Z_R}{\cos\phi} = \frac{R_R}{\cos^2\phi}$$

$$\frac{1}{X_P} = \frac{1}{Z_R}\sin\phi; \qquad X_P = \frac{Z_R}{\sin\phi} = \frac{X_R}{\sin^2\phi}$$

Das Beispiel mit Zahlen:

$$R_R = 2\,\Omega; \qquad X_R = 10\,\Omega; \qquad \phi = 78{,}7^\circ$$

$$\sin\phi = 0{,}196; \qquad \cos\phi = 0{,}981$$

$Z_R = 10{,}2\ \Omega$

$R_P = 10{,}4\ \Omega; \quad X_P = 52\ \Omega$

Es sei darauf hingewiesen, daß diese Umrechnung nur für eine Frequenz gilt.

Aufgabe 4.54

Für die aus den drei Spannungen gebildete Masche ergibt sich:

$$\underline{U}_{12} + \underline{U}_{20} - \underline{U}_{10} = 0$$
$$\underline{U}_{12} = \underline{U}_{10} - \underline{U}_{20}$$

Wegen der Substraktion sind die gegebenen Spannungen in die Komponentenform überzuführen:

$$\underline{U}_{10} = 135\ \text{V} \cdot \underline{/\ 34^\circ} = 112\ \text{V} + \text{j} \cdot 75{,}5\ \text{V}$$
$$\underline{U}_{20} = 64\ \text{V} \cdot \underline{/-64^\circ} = 28{,}1\ \text{V} - \text{j} \cdot 57{,}6\ \text{V}$$
$$\underline{U}_{12} = 83{,}9\ \text{V} + \text{j} \cdot 133{,}1\ \text{V}$$
$$\underline{U}_{12} = 157{,}2\ \text{V} \cdot \underline{/\ 57{,}8^\circ}$$

Aufgabe 4.55

Die Leerlaufspannung $\underline{U}_0$ wird bei unbelasteten Klemmen AB mit Hilfe der Spannungsteilerregel berechnet.

$$\frac{\underline{U}}{\underline{U}_0} = \frac{\underline{Z}_1 + \underline{Z}_2}{\underline{Z}_2}; \quad \underline{U}_0 = \underline{U}\,\frac{\underline{Z}_2}{\underline{Z}_1 + \underline{Z}_2}$$

Die Generatorspannung U wird in die reelle Achse gelegt.

$$\underline{U} = 120\ \text{V}\ \underline{/\ 0^\circ}$$
$$\omega = 2\pi f = 100 \cdot 10^3\ \frac{1}{\text{s}}$$

$$\underline{Z}_1 = \frac{1}{\underline{Y}_1}; \quad \underline{Y}_1 = \frac{1}{R_1} + \text{j}\omega C_1$$

$$\underline{Y}_1 = 0{,}2\ \text{mS} + \text{j}\ 0{,}2\ \text{mS} = 0{,}283\ \text{mS}\ \underline{/+45^\circ}$$
$$\underline{Z}_1 = 3{,}54\ \text{k}\Omega\ \underline{/-45^\circ} = 2{,}50\ \text{k}\Omega - \text{j}\ 2{,}50\ \text{k}\Omega$$

$$\underline{Z}_2 = \frac{1}{\underline{Y}_2}; \quad \underline{Y}_2 = \frac{1}{R_2} + j\omega C_2$$

$$\underline{Y}_2 = 0{,}25 \text{ mS} + j\,0{,}8 \text{ mS} = 0{,}84 \text{ mS} \,\underline{/+72{,}6^\circ}$$

$$\underline{Z}_2 = 1{,}19 \text{ k}\Omega \,\underline{/-72{,}6^\circ} = 0{,}36 \text{ k}\Omega - j\,1{,}13 \text{ k}$$

$$\underline{Z}_1 + \underline{Z}_2 = 2{,}86 \text{ k}\Omega - j\,3{,}63 \text{ k}\Omega = 4{,}61 \text{ k}\Omega \,\underline{/-51{,}8^\circ}$$

$$\underline{U}_0 = U \frac{\underline{Z}_2}{\underline{Z}_1 + \underline{Z}_2}; \quad \underline{U}_0 = 31{,}0 \text{ V} \,\underline{/-20{,}5^\circ}$$

Bestimmung des Innenwiderstandes $\underline{Z}_i$:

$$\underline{Z}_i = \frac{1}{\underline{Y}_i}; \quad \underline{Y}_i = \underline{Y}_1 + \underline{Y}_2$$

$$\underline{Y}_i = 0{,}45 \text{ mS} + j\,1{,}0 \text{ mS} = 1{,}10 \text{ mS} \,\underline{/+65{,}8^\circ}$$

$$\underline{Z}_i = 910\ \Omega \,\underline{/-65{,}8^\circ}$$

Aufgabe 4.56

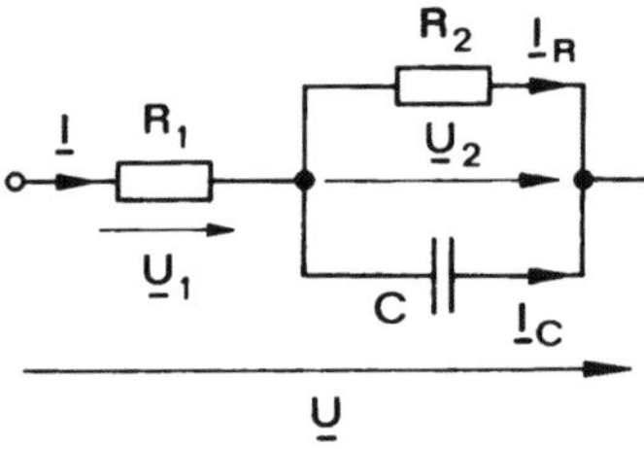

Zunächst sind in das Schaltbild die Zählpfeile einzutragen.
Danach wird in der komplexen Ebene (ohne Maßstäbe) ein Zeigerdiagramm gezeichnet:

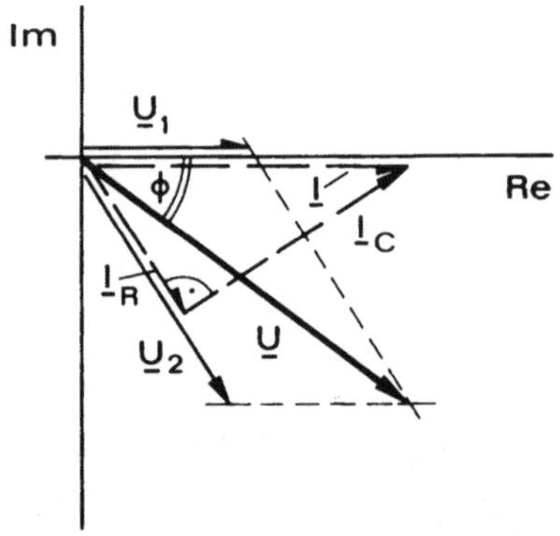

Da der Strom $\underline{I}$ vorgegeben ist, wird er in die reelle Achse gelegt. $\underline{U}_1$ hat dann dieselbe Richtung:

$$U_1 = I \cdot R_1 = 194\ \text{V}$$

Als nächstes wird $\underline{U}_2$ berechnet. $\underline{Z}_a$ ist der Widerstand der R_2C-Parallelschaltung:

$$\underline{Y}_a = \frac{1}{R_2} + j\,\omega C = Y_a \cdot \underline{/\,\phi_a}$$

$$\underline{Z}_a = \frac{1}{\underline{Y}_a}$$

$$\underline{U}_2 = I \cdot \underline{Z}_a$$

$$\underline{Y}_a = 5{,}55\ \text{mS} + j\ 5{,}03\ \text{mS} = 7{,}50\ \text{mS}\ \underline{/\,+42{,}2^\circ}$$

$$\underline{Z}_a = 134\ \Omega\ \underline{/\,-42{,}2^\circ}$$

$$\underline{U}_2 = 301\ \text{V}\ \underline{/\,-42{,}2^\circ} = 223\ \text{V} - j\ 202\ \text{V}$$

Die Gesamtspannung ergibt sich aus der Summe der Teilspannungen:

$$\underline{U} = \underline{U}_1 + \underline{U}_2 = U \cdot \underline{/\,\phi}$$

$$\underline{U} = 417\ \text{V} - j\ 202\ \text{V} = 463\ \text{V} \cdot \underline{/\,-25{,}8^\circ}$$

Der Teilstrom $\underline{I}_R$ liegt in Richtung $\underline{U}_2$. Der Teilstrom $\underline{I}_C$ ist um + 90° gegenüber $\underline{U}_2$ gedreht (um 90° voreilend gegenüber $\underline{U}_2$).

$$\underline{I}_R = \underline{U}_2 \cdot \frac{1}{R_2}$$

$$\underline{I}_C = \underline{U}_2 \cdot j\omega C$$

$$\underline{I}_R = 1{,}67\ \text{A}\ \underline{/\,-42{,}2^\circ}$$

$$\underline{I}_C = 301\ \text{V} \cdot \underline{/\,-42{,}2^\circ} \cdot j\ 5{,}03\ \text{mS} = 1{,}52\ \text{A}\ \underline{/\,+47{,}8^\circ}$$

Aufgabe 4.57

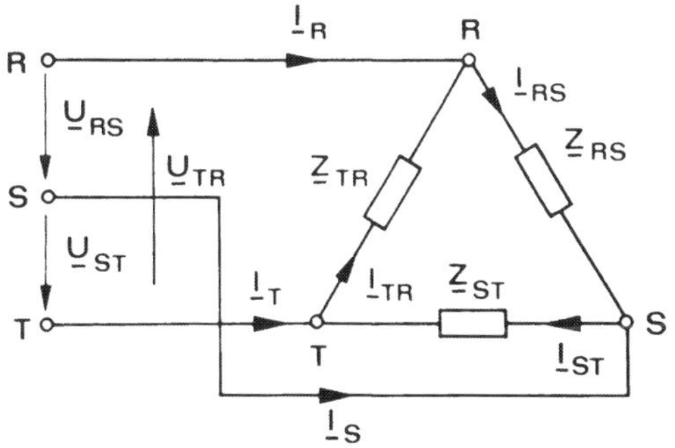

Das obenstehende Bild enthält alle benötigten Zählpfeile.

Für die Aufgabe wird die Spannung $\underline{U}_{RS}$ in die Realachse gelegt. Das Spannungssystem ist dann wie folgt darzustellen:

$$\underline{U}_{RS} = 380\ \text{V}\ \underline{/\ 0^\circ}$$
$$\underline{U}_{ST} = 380\ \text{V}\ \underline{/\ -120^\circ}$$
$$\underline{U}_{TR} = 380\ \text{V}\ \underline{/\ +120^\circ}$$

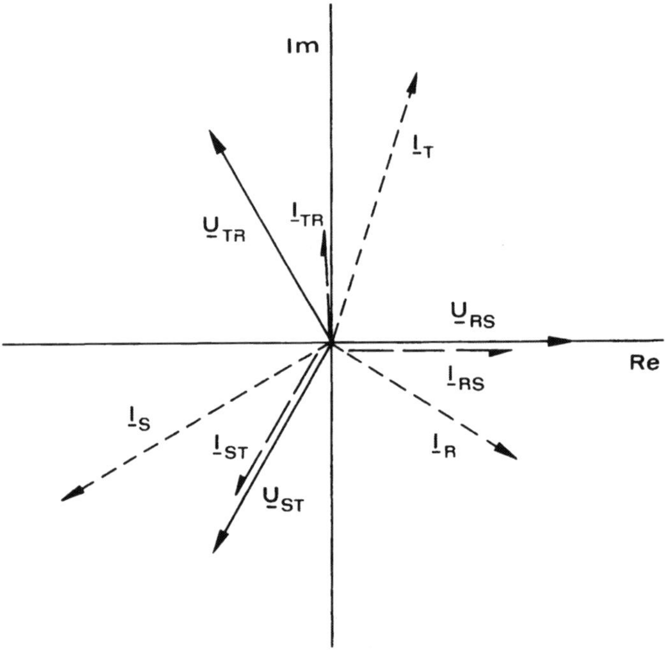

Die Strangströme des Verbrauchers lassen sich dann berechnen:

$$\underline{I}_{RS} = \underline{U}_{RS}/\underline{Z}_{RS}; \qquad \underline{I}_{RS} = 19\ \text{A} \cdot \underline{/\ 0^\circ}$$
$$\underline{I}_{ST} = \underline{U}_{ST}/\underline{Z}_{ST}; \qquad \underline{I}_{ST} = 19\ \text{A} \cdot \underline{/\ -120^\circ}$$
$$\underline{I}_{TR} = \underline{U}_{TR}/\underline{Z}_{TR}; \qquad \underline{I}_{TR} = 10{,}8\ \text{A} \cdot \underline{/\ 93^\circ}$$

Daraus ergeben sich die Leiterströme:

$$\underline{I}_{R} = \underline{I}_{RS} - \underline{I}_{TR} = 22{,}4\ \text{A}\ \underline{/\ -28{,}8^\circ}$$
$$\underline{I}_{S} = \underline{I}_{ST} - \underline{I}_{RS} = 33\ \text{A}\ \underline{/\ 210^\circ}$$
$$\underline{I}_{T} = \underline{I}_{TR} - \underline{I}_{ST} = 28{,}7\ \text{A}\ \underline{/\ 71{,}82^\circ}$$

Am letzten Teil der Aufgabe zeigt es sich, daß eine graphische Methode neben der größeren Anschaulichkeit auch schneller zur Lösung führen kann.

Aufgabe 4.58

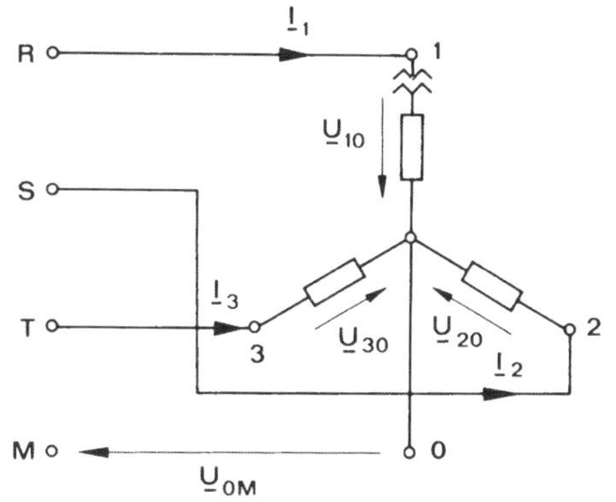

Die Skizze zeigt den Verbraucher mit den notwendigen Zählpfeilen.

$$\underline{Z}_{20} = \underline{Z}_{30} = \underline{Z}$$

$$\underline{Z}_{10} = \infty$$

Spannungen des speisenden Netzes

$$\underline{U}_{RM} = U = 220 \text{ V}$$

$$\underline{U}_{SM} = U \underline{/-120^\circ} = -110 \text{ V} - j\,191 \text{ V}$$

$$\underline{U}_{TM} = U \underline{/+120^\circ} = -110 \text{ V} + j\,191 \text{ V}$$

Für die drei Maschen des Systems lassen sich die Gleichungen anschreiben:

$$-\underline{U}_{RM} + \underline{I}_1 \cdot \underline{Z}_{10} + \underline{U}_{0M} = 0$$

$$-\underline{U}_{SM} + \underline{I}_2 \cdot \underline{Z}_{20} + \underline{U}_{0M} = 0$$

$$-\underline{U}_{TM} + \underline{I}_3 \cdot \underline{Z}_{30} + \underline{U}_{0M} = 0$$

Für den Sternpunkt der Last ergibt sich:

$$\underline{I}_1 + \underline{I}_2 + \underline{I}_3 = 0$$

Aus der ersten Maschengleichung folgt mit $\underline{Z}_{10} = \infty$ und $\underline{U}_{0M}$ endlich:

$$\underline{I}_1 = 0$$

Damit aus der Stromsumme $\underline{I}_2 = -\underline{I}_3$.

Die letzten beiden Maschengleichungen werden dann umgeschrieben:

$$-\underline{U}_{SM} - \underline{I}_3 \cdot \underline{Z} + \underline{U}_{0M} = 0$$

$$-\underline{U}_{TM} + \underline{I}_3 \cdot \underline{Z} + \underline{U}_{0M} = 0$$

Daraus folgt als Ergebnis:

$$\underline{U}_{0M} = \frac{1}{2}(\underline{U}_{SM} + \underline{U}_{TM})$$

$$\underline{I}_3 = \frac{1}{2 \cdot \underline{Z}}(-\underline{U}_{SM} + \underline{U}_{TM})$$

Zahlenwerte:

$$\underline{U}_{0M} = -110\ \text{V}$$

$$\underline{I}_3 = \frac{1}{22\ \Omega\ \underline{/+30^\circ}}(+\text{j}\ 382\ \text{V}) = \frac{382\ \text{V}\ \underline{/+90^\circ}}{22\ \Omega\ \underline{/+30^\circ}}$$

$$\underline{I}_3 = 17{,}4\ \text{A}\ \underline{/+60^\circ}$$

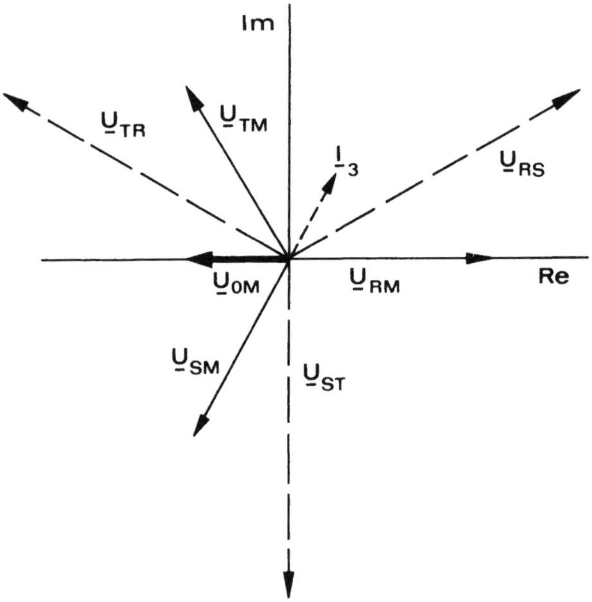

Das Bild zeigt das Zeigerdiagramm aller Ströme und Spannungen.

Aufgabe 4.59

Der Augenblickswert der Leistung eines Systems harmonischer Größen (Spannung $u(t) = \sqrt{2} \cdot U \cos(\omega t + \phi_u)$; Strom $i(t) = \sqrt{2} \cdot I \cos(\omega t + \phi_i)$) ist nach Gleichung (4.34):

$$p(t) = U \cdot I \cos(\phi_u - \phi_i) + U \cdot I \cos(2\omega t + \phi_u + \phi_i)$$

Für den symmetrischen Verbraucher am symmetrischen Drehstromnetz ergibt sich hieraus, wenn u(t) und i(t) Spannung und Strom eines Stranges sind:

$$p(t) = 3 \cdot U \cdot I \cdot \cos(\phi_u - \phi_i) + U \cdot I \cos(2\omega t + \phi_u + \phi_i)$$
$$+ U \cdot I \cos(2\omega t + \phi_u + \phi_i + 4\frac{\pi}{3})$$
$$+ U \cdot I \cos(2\omega t + \phi_u + \phi_i + 2\frac{\pi}{3})$$

Die letzten drei Summanden ergeben zu jedem Zeitpunkt die Summe Null. Damit ist gezeigt, daß der Augenblickswert der Leistung unter den getroffenen Annahmen eine konstante Größe ist.

5. Frequenzabhängigkeit elektrischer Netzwerke

Im Abschn. 4 wurden Netzwerke aus linearen Elementen im stationären Zustand bei Speisung mit harmonischen Größen einer Frequenz untersucht. Dabei wurde von den Rechenregeln komplexer Zahlen und der Darstellung in der komplexen Ebene Gebrauch gemacht. Die Elemente des Netzwerkes waren von konstanter Größe. Jetzt sollen gewisse Elemente des Netzwerkes (z. B. Widerstände) mit veränderbarer Größe eingeführt werden (Netzwerks-Parameter). Es wird gefragt, wie sich andere Größen des Netzwerkes (z. B. Widerstände, Spannungen, Ströme) in Abhängigkeit von den Parametern ändern. Dabei soll sich das Netzwerk bei jedem Parameterwert im stationären Zustand befinden. Die Voraussetzungen für die komplexe Schreibweise seien erfüllt.

5.1 Ortskurven

Die Parameterabhängigkeit bestimmter Netzwerksgrößen läßt sich in Form der **Ortskurve** darstellen. Die Ortskurve ist der geometrische Ort der Endpunkte aller Zeiger in der komplexen Zahlenebene, die in Abhängigkeit von den betrachteten Parametern dargestellt werden können. Ortskurven können für alle Zeigergrößen wie Ströme, Spannungen, Widerstände und Leitwerte gezeichnet werden. Zur quantitativen Auswertung einer Ortskurve ist es erforderlich, daß auf ihr die Parameterverteilung verzeichnet ist.

Im Bild 5.1 stellt der Kurvenverlauf von a_1 bis a_3 die Widerstands-Ortskurve ($\underline{Z}$-Ortskurve) dar, für den Fall, daß sich der Parameter a des Widerstandes $\underline{Z}$ (a) zwischen den Werten a_1 und a_3 ändert. Auf dieser Ortskurve sind weitere Parameterwerte (z. B. a_2) aufgezeichnet.

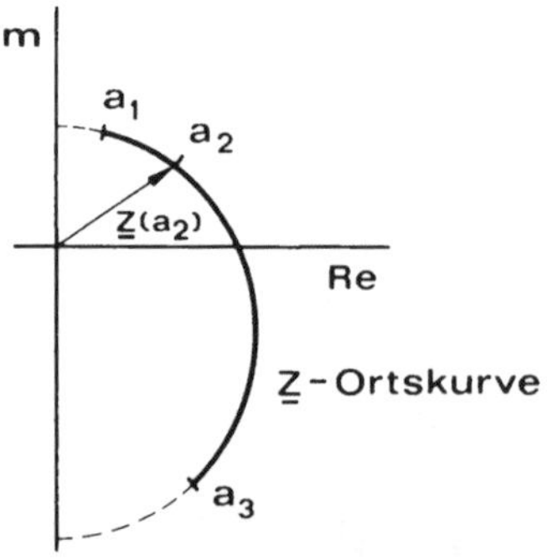

Bild 5.1 Beispiel einer Ortskurve in der Z-Ebene

Von besonderer Bedeutung ist die Frequenz als Parameter. Sie geht in die Beträge der Blindwiderstände ein.

Das Bild 5.2 zeigt die Zusammenstellung von Widerstands- und Leitwerts-Ortskurven in Abhängigkeit von der Frequenz bei einfachen Kombinationsschaltungen.

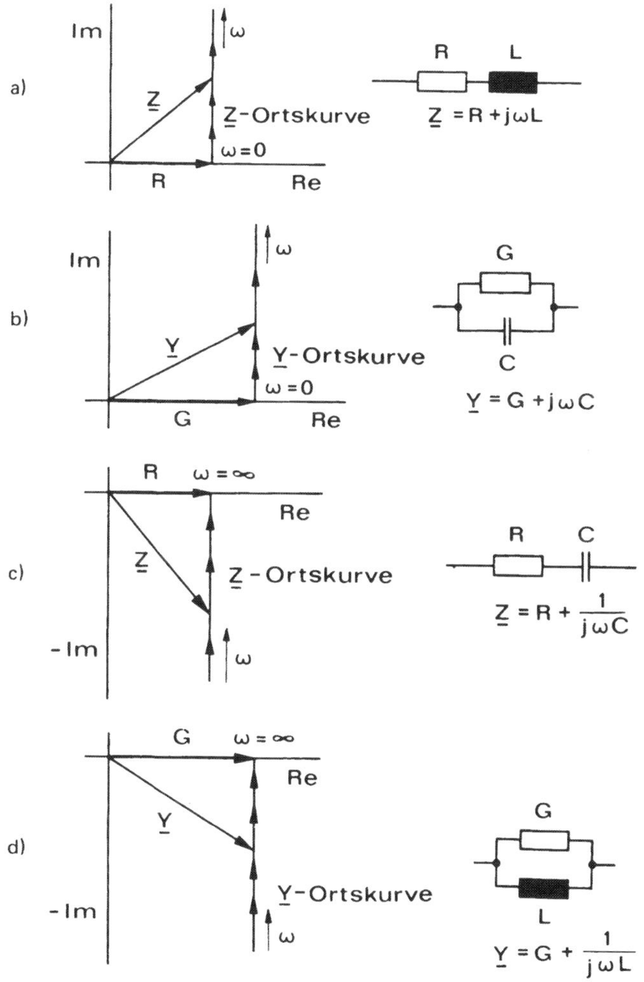

Bild 5.2 Widerstands- bzw. Leitwerts-Ortskurven einfacher Kombinationsschaltungen (Frequenz ist Parameter)
a) RL-Reihenschaltung
b) GC-Parallelschaltung
c) RC-Reihenschaltung
d) GL-Parallelschaltung

Im Bild 5.2a ist die Z-Ortskurve einer RL-Reihenschaltung dargestellt, für den Fall, daß sich die Kreisfrequenz $0 \leqslant \omega \leqslant \infty$ ändert. Entsprechend der Beziehung

$$\underline{Z} = R + j\omega L$$

ist die Z-Ortskurve der Teil einer Parallelen zur Imaginärachse im Abstand R, der im 1. Quadranten der komplexen Ebene verläuft.

In komplizierter aufgebauten Netzwerken kommen Reihen- und Parallelschaltungen vor. Bei den ersteren sind die Widerstände, bei den letzteren die Leitwerte zu addieren. Der Übergang vom Widerstand zum Leitwert erfolgt über die Bildung des Reziprokwertes. Es zeigt sich, daß in Analogie zu dieser Operation Widerstandsortskurven in Leitwertsortskurven übergeführt werden können. Diese Umwandlung wird **Inversion** genannt.

Als Beispiel sei die Inversion einer Parallelen zur Imaginärachse durchgeführt. Diese Gerade ist die Widerstandsortskurve der Reihenschaltung eines ohmschen Widerstandes mit einem veränderbaren Blindwiderstand, wie Beispiele des Bildes 5.2 zeigen.

Die Orskurve wird durch die Gleichung (5.1) wiedergegeben:

$$\underline{Z} = R + j\,(aX) \tag{5.1}$$

Mit a ist der Parameter bezeichnet.

Bei der Inversion geht diese Gleichung über in:

$$\underline{Y} = \frac{1}{\underline{Z}} = \frac{1}{R + j\,(aX)} \tag{5.2}$$

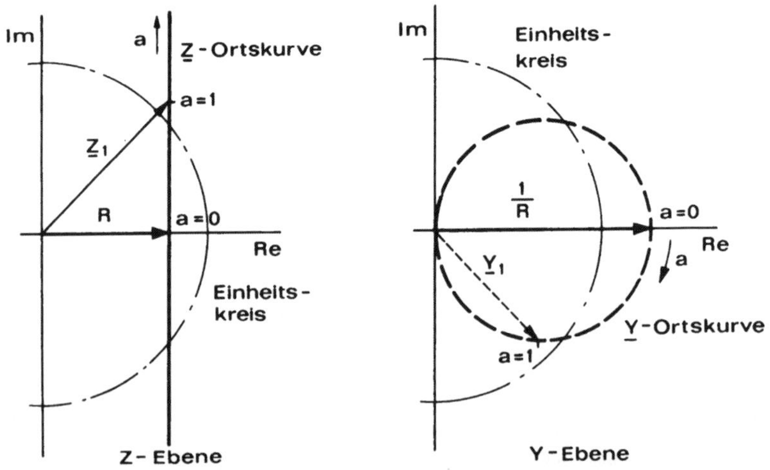

Bild 5.3 Inversion einer Parallelen zur Imaginärachse

In einfacher Weise kann nachgewiesen werden, daß die Gleichung (5.2) einen Kreis darstellt. Die Gleichung wird zu diesem Zweck um den Summanden $-\frac{1}{2R}$ ergänzt und umgeformt.

$$\underline{Y} - \frac{1}{2R} = \frac{1}{R + j\,(aX)} - \frac{1}{2R} = \frac{1}{2R} \cdot \frac{R - j\,(aX)}{R + j\,(aX)}$$

$$\underline{Y} - \frac{1}{2R} = \frac{1}{2R} \frac{Z\,(a)\,\underline{/ - \phi\,(a)}}{Z\,(a)\,\underline{/ + \phi\,(a)}} = \frac{1}{2R}\,\underline{/ - 2\,\phi\,(a)}$$

$$\underline{Y} = \frac{1}{2R} + \frac{1}{2R}\,\underline{/ - 2\,\phi\,(a)} \tag{5.3}$$

Die Gleichung (5.3) stellt einen Kreis mit dem Radius $\frac{1}{2} \cdot \frac{1}{R}$ dar, der um den Zeiger $\frac{1}{2} \cdot \frac{1}{R}$ verschoben ist. Das Bild zeigt, daß eine $\underline{Z}$-Ortskurve, die aus einer Parallelen zu einer Achse der komplexen Ebene besteht, bei der Inversion in die $\underline{Y}$-Ortskurve in einen Kreis übergeht, der durch den Nullpunkt des Koordinatensystems geht (Bild 5.3).

Die Anwendung dieser allgemeinen Aussage auf einige einfache Schaltungen zeigt das Bild 5.4.

Für die Darstellungen in der Z- und der Y-Ebene sind unterschiedliche Maßstabsfaktoren notwendig. Die Länge eines Zeigers in der Z-Ebene ergibt sich zu

$$l_Z = m_Z \cdot Z \tag{5.4}$$

Hierin bezeichnet m_Z den Maßstabsfaktor, der angibt, welche Länge der Zeiger der Größe 1 Ω hat. Einheit mm/Ω.

Die Länge eines Zeigers in der Y-Ebene ist:

$$l_Y = m_Y \cdot Y \tag{5.5}$$

Die Einheit von m_Y ist mm/S.

Es gibt nun eine Zeigerlänge, die in beiden Ebenen gleich groß ist. Das ist die Länge eines Zeigers, die sich bei der Inversion und den gewählten Maßstäben der Darstellung nicht ändert.

Die Endpunkte aller Zeiger dieser Eigenschaft liegen auf einem Kreis, der **Einheitskreis** genannt wird. Sein Radius r_E ist natürlich von den Maßstabsfaktoren abhängig und läßt sich aus der Gleichheit der Zeigerlängen in der Z- und Y-Ebene wie folgt berechnen:

$$r_E = l_Z = l_Y$$

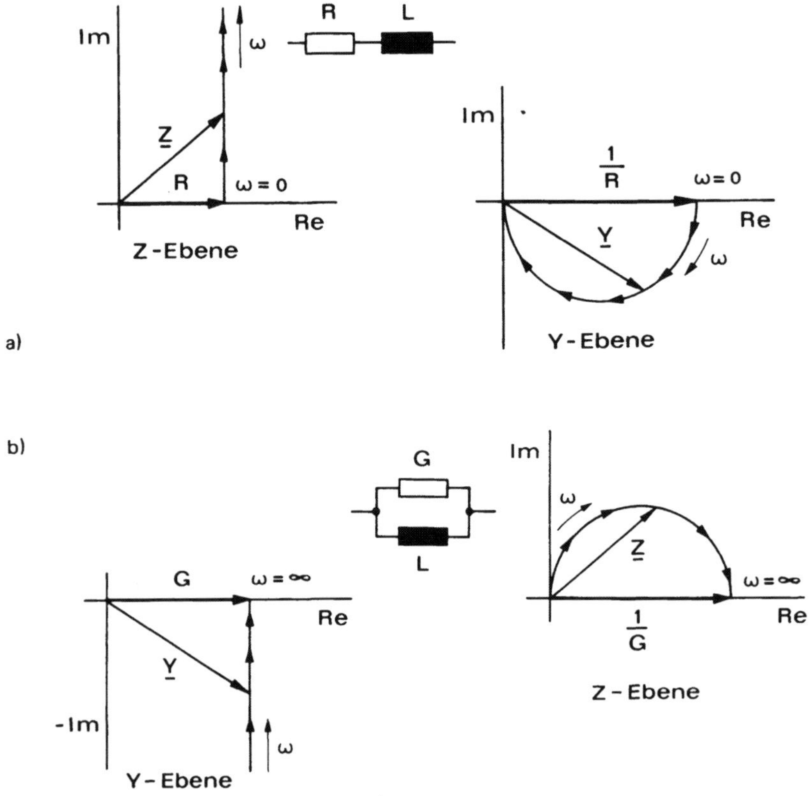

Bild 5.4 Widerstands- und Leitwerts-Ortskurven in Abhängigkeit von der Frequenz
a) RL-Reihenschaltung
b) GL-Parallelschaltung

Mit den Gleichungen (5.4) und (5.5) und der Beziehung Z = 1/Y ergibt sich:

$$r_E = \sqrt{m_Z \cdot m_Y} \tag{5.6}$$

Der Einheitskreis wurde im Bild 5.3 sowohl in der Z- als auch in der Y-Ebene dargestellt.

Beispiel

Für die im Bild 5.5 a dargestellte Schaltung soll die Ortskurve des Stromes gezeichnet werden. Die Spannung ist mit 220 V vorgegeben. Die Frequenz ändert sich im Bereich 20 Hz $\leqslant$ f $\leqslant$ 400 Hz. Die Elemente haben folgende Größen:

$$R_L = 8\ \Omega; \quad L = 10\ \text{mH}; \quad R_1 = 20\ \Omega$$

Wegen der Parallelschaltung der Elemente $\underline{Z}_L$ und R_1 wird die Spannung U in die Realachse gelegt. Dann werden aus den Elementen R_1 und $\underline{Z}_L = R_L + j\omega L$ die Leitwerte gebildet und diese zum Gesamtleitwert $\underline{Y}$ zusammengefaßt. Wegen der Beziehung $\underline{I} = U \cdot \underline{Y}$ (U in Realachse gelegt) unterscheidet sich die $\underline{I}$-Ortskurve nur um einen Maßstabsfaktor von der $\underline{Y}$-Ortskurve.

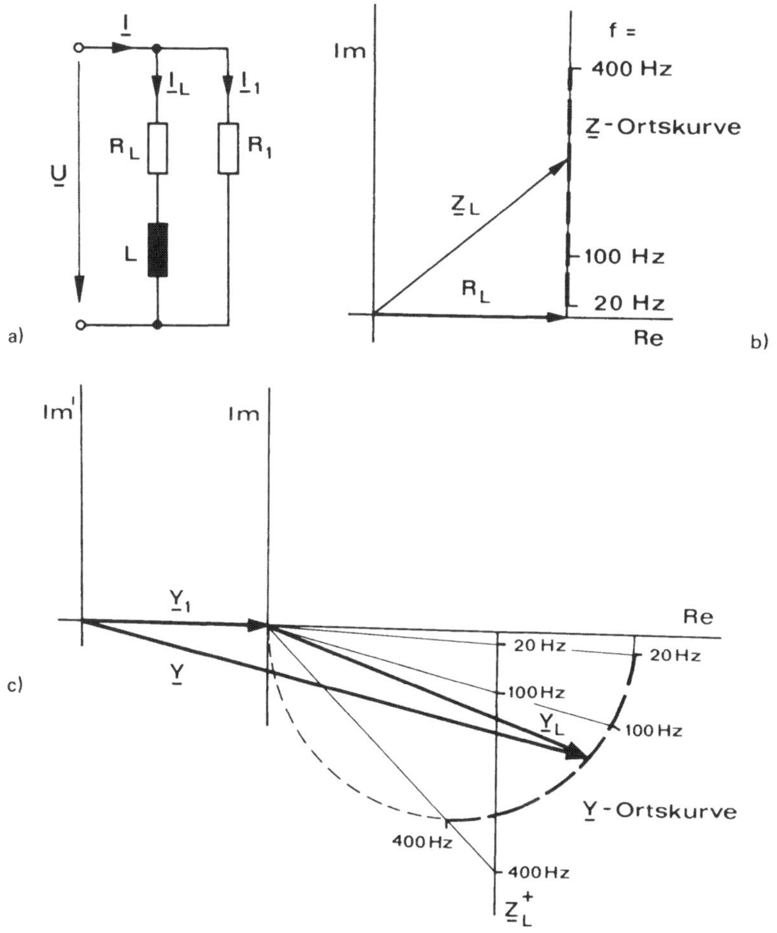

Bild 5.5 Ortskurve des Stromes einer Parallelschaltung (Beispiel)
- a) Schaltbild mit Zählpfeilen
- b) Ortskurve von $\underline{Z}_L = R_L + j\omega L$ in der Z-Ebene
- c) Ortskurve des Gesamtleitwertes (Stromes) in der Y-Ebene

Zunächst wird (Bild 5.5b) die $\underline{Z}_L$-Ortskurve gezeichnet. Auf diese Ortskurve wird die linear geteilte Frequenz-Skala aufgezeichnet. Die Halbgerade ergibt sich für Frequenzen zwischen 0 und ∞. Der stärker gezeichnete Teil für den bezeichneten Frequenzbereich. Die $\underline{Y}_L$-Ortskurve ergibt sich durch Inversion. Für den Frequenzbereich 0 . . . ∞ ist sie ein Halbkreis mit dem Durchmesser $1/R_L$. Die Frequenzteilung auf dem Halbkreis wird mit Hilfe der konjugiert komplexen $\underline{Z}_L$-Ortskurve eingezeichnet (im Bild 5.5c mit $\underline{Z}_L^+$ gekennzeichnet). Damit liegt die bezifferte Ortskurve (Frequenzbereich der Aufgabe hervorgehoben) der Größe $\underline{Y}_L$ vor. An jeden ihrer Zeiger ist entsprechend der Parallelschaltung noch $\underline{Y}_1$ zu addieren. Das wird so durchgeführt, daß das Achsenkreuz um $-\underline{Y}_1$ verschoben wird. Da in der vorliegenden Aufgabe $\underline{Y}_1$ ein reeller Leitwert ist, geht nur die Imaginärachse in die neue Lage Im′ über. Auf dieses Achsenkreuz sind die Leitwerte $\underline{Y}$ der Parallelschaltung und nach Maßstabsumrechnung auch die Ströme $\underline{I}$ zu beziehen.

5.2 Frequenzgang-Darstellung

Mit Hilfe der Ortskurvendarstellung läßt sich ein anschauliches Bild vom Parametereinfluß gewinnen. Es läßt sich oft ein schneller Überblick über die Betrags- und Winkeländerungen eines Zeigers in der komplexen Ebene in Abhängigkeit eines Parameters erhalten. Die meist nichtlineare Verteilung der Parameterwerte auf der Ortskurve kann jedoch zu Schwierigkeiten in der Auswertung führen. Deshalb wird oft die Abhängigkeit des Betrages einer Größe vom Parameter und in einem getrennten Diagramm die Abhängigkeit des Phasenwinkels vom Parameter dargestellt. Meist wird diese Darstellungsform bei der Frequenz als Parameter gewählt. Sie heißt dann die **Frequenzgangsdarstellung** einer Größe.

Oft ist es jedoch praktischer, nicht die Größen selbst darzustellen, sondern sie zu normieren. Das geschieht so, daß sie durch einen Bezugswert dividiert werden. Die Bezugsgröße kann frei gewählt werden. Bei vielen Netzwerken ist es möglich, die Aufgabe so zu formulieren, daß eine Eingangs- und eine Ausgangsgröße auftritt. Innere Spannungs- und Stromwerte des Netzwerkes interessieren dann nicht so sehr. In diesen Fällen wird die Ausgangsgröße auf die Eingangsgröße bezogen.

Beispiel

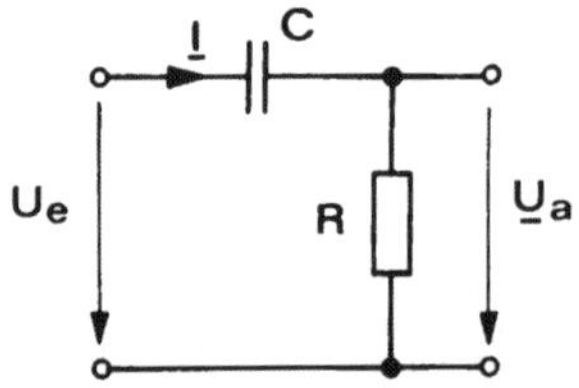

Bild 5.6 Zur Untersuchung der Frequenzabhängigkeit eines RC-Gliedes

Das im Bild 5.6 gezeichnete RC-Glied wird mit einer konstanten Spannung veränderbarer Frequenz gespeist.

Die Speisespannung U_e – die Eingangsgröße – wird als reelle Größe angenommen. Die Spannung am Widerstand stellt die Ausgangsgröße dar und soll mit $\underline{U}_a$ bezeichnet werden. Es soll das Verhältnis $\underline{U}_a/U_e$ in Abhängigkeit von der Frequenz dargestellt werden.

Die Spannung $\underline{U}_a$ wird zunächst berechnet:

$$\frac{\underline{U}_a}{U_e} = \frac{R}{R + 1/j\omega C}$$

$$\underline{U}_a = U_e \frac{1}{1 - j/R\omega C} = \frac{\omega RC}{\omega RC - j} \qquad (5.7)$$

Bei der Normierung der Frequenz wird die Größe

$$R \cdot C = \tau \qquad (5.8)$$

eingeführt und als Bezugsgröße $1/\tau$ verwendet. Damit kann aus der Gleichung (5.7) das Verhältnis $\underline{U}_a/U_e$ abgeleitet werden:

$$\frac{\underline{U}_a}{U_e} = \frac{\omega\tau}{\omega\tau - j} = \frac{\omega\tau}{1 + (\omega\tau)^2} (\omega\tau + j) \qquad (5.9)$$

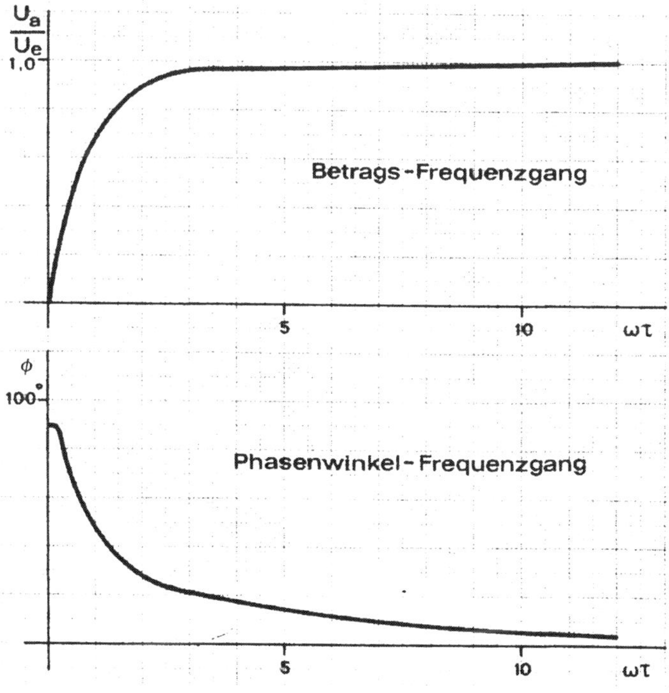

Bild 5.7 Betrags- und Phasenwinkel-Frequenzgang der Schaltung nach Bild 5.6

Die Gleichung (5.9) enthält das komplexe Verhältnis $\underline{U}_a/U_e$. Wird es in den Betrag und den Phasenwinkel aufgelöst, so ergeben sich die Gleichungen (5.10):

$$\frac{U_a}{U_e} = \frac{\omega\tau}{\sqrt{1 + (\omega\tau)^2}} \tag{5.10}$$

$$\phi = \arctan \frac{1}{\omega\tau}$$

In Bild 5.7 sind diese Größen in Abhängigkeit von der normierten Frequenz dargestellt.

Soll die Abhängigkeit dieser Größen in einem größeren Frequenzbereich dargestellt werden, so empfiehlt sich die Verwendung von logarithmisch geteilten Achsen (Bode-Diagramm). Im Bild 5.8 ist diese Darstellungsform für die Frequenzgänge des Beispiels gewählt.

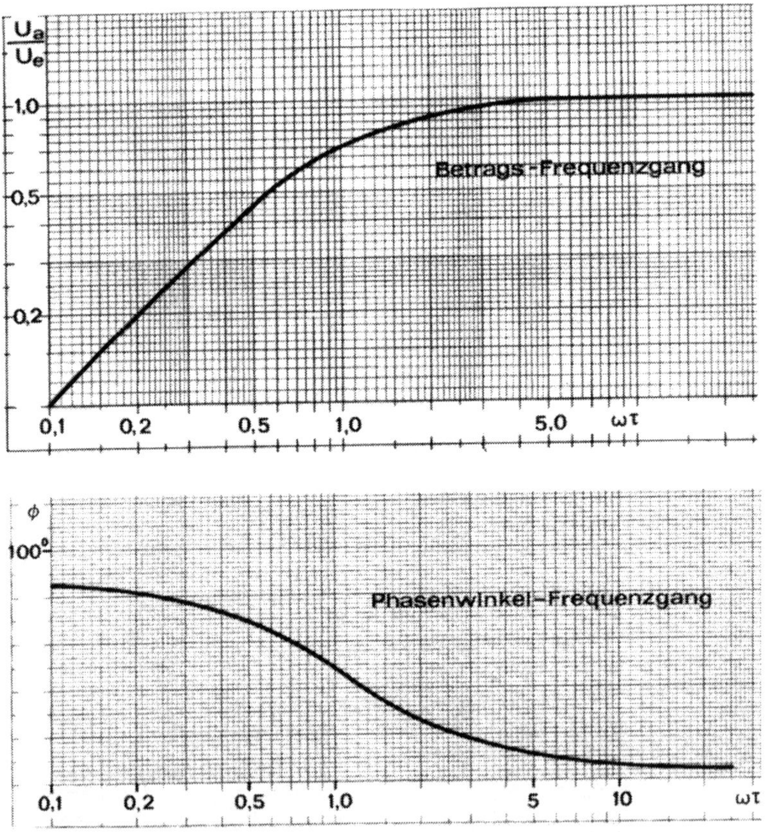

Bild 5.8 Betrags- und Phasenwinkel-Frequenzgang nach Bild 5.7 in logarithmischer Darstellung

Bei diesen Darstellungen ist es weiterhin gebräuchlich, nicht mit dem Spannungsverhältnis zu rechnen, sondern mit dem 20-fachen des dekadischen Logarithmus dieses Spannungsverhältnisses. Als Abkürzung dieses Ausdruckes wird die **dB-Zahl** eingeführt (dB ist dabei die Abkürzung für dezi-Bel). In der Tab. 5.1 sind dB-Zahl und das Spannungsverhältnis entsprechend der Beziehung

$$\text{dB-Zahl} = 20 \lg \frac{U_a}{U_e} \tag{5.11}$$

zusammengestellt. In derselben Weise kann mit einem Stromverhältnis gerechnet werden.

Wegen des quadratischen Zusammenhanges der Leistung und der Spannung an einem Widerstand, drückt die dB-Zahl auch das Leistungsverhältnis aus. Sie wurde sogar ursprünglich dafür definiert.

$$\text{dB-Zahl} = 20 \lg \frac{U_a}{U_e} = 10 \lg \frac{P_a}{P_e}$$

Wird im Diagramm die dB-Zahl als Maß des Spannungsverhältnisses aufgetragen, so kann die Ordinatenachse des Betrags-Frequenzganges wieder linear geteilt werden. Das Bild 5.9 zeigt nochmals den Betrags-Frequenzgang des Beispiels von Bild 5.8. Das Spannungsverhältnis ist jetzt als dB-Zahl aufgetragen.

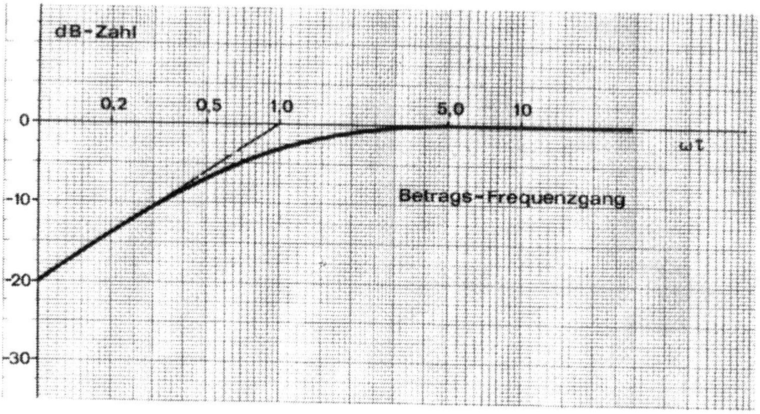

Bild 5.9 Betrags-Frequenzgang nach Bild 5.7
Spannungsverhältnis als dB-Zahl dargestellt

Der Vorteil dieser Darstellungsweise liegt darin, daß die Frequenzgänge sehr leicht mit Hilfe von Asymptoten gezeichnet werden können. Das sei am Beispiel des Bildes 5.9 erläutert (vergl. hierzu Gleichung (5.10)).

dB	$\frac{U_a}{U_e}, \frac{I_a}{I_e}$	$\frac{P_a}{P_e}$	dB	$\frac{U_a}{U_e}, \frac{I_a}{I_e}$	$\frac{P_a}{P_e}$	dB	$\frac{U_a}{U_e}, \frac{I_a}{I_e}$	$\frac{P_a}{P_e}$	dB	$\frac{U_a}{U_e}, \frac{I_a}{I_e}$	$\frac{P_a}{P_e}$
0	1,00	1,00	10	3,2	10	- 0	1,00	1,00	- 10	0,32	0,100
1	1,12	1,26	11	3,5	12,6	- 1	0,89	0,79	- 11	0,28	0,079
2	1,26	1,6	12	4,0	16	- 2	0,79	0,63	- 12	0,25	0,063
3	1,4	2,0	13	4,5	20	- 3	0,71	0,50	- 13	0,22	0,050
4	1,6	2,5	14	5,0	25	- 4	0,63	0,40	- 14	0,20	0,040
5	1,8	3,2	15	5,6	32	- 5	0,56	0,32	- 15	0,18	0,032
6	2,0	4,0	16	6,3	40	- 6	0,50	0,25	- 16	0,16	0,025
7	2,2	5,0	17	7,1	50	- 7	0,45	0,20	- 17	0,14	0,020
8	2,5	6,3	18	7,9	63	- 8	0,40	0,16	- 18	0,126	0,016
9	2,8	7,9	19	8,9	79	- 9	0,35	0,13	- 19	0,112	0,013
10	3,2	10	20	10	100	-10	0,32	0,10	- 20	0,100	0,010

Tab. 5.1 dB-Zahl, Spannungsverhältnis, Leistungsverhältnis

Für $\omega\tau \gg 1$ wird $\frac{U_a}{U_e}$ angenähert durch den Wert 1 wiedergegeben. Diesem Wert entspricht die dB-Zahl 0. Die $\omega\tau$-Achse ist die Asymptote für große $\omega\tau$-Werte.

Für $\omega\tau \ll 1$ ist $\frac{U_a}{U_e} \approx \omega\tau$. In der logarithmischen Darstellung entspricht dem eine Gerade mit der Steigung $\frac{20\ \text{dB}}{\text{Dekade}}$. Diese Gerade ist die Asymptote für kleine $\omega\tau$-Werte.

Bei $\omega\tau = 1$ schneiden sich die Asymptoten. An dieser Stelle beträgt die dB-Zahl - 3. Der Phasenwinkel beträgt hier + 45°.

Ein weiterer Vorteil der logarithmischen Darstellung besteht darin, daß bei mehrgliedrigen Anordnungen der resultierende Frequenzgang aus der Addition der Frequenzgänge der einzelnen Glieder ermittelt werden kann. Das ist dann der Fall, wenn sich das Verhältnis U_a/U_e der mehrgliedrigen Anordnungen als Produkt der Spannungsverhältnisse der einzelnen Glieder darstellen läßt (Beispiel 5.46).

5.3 Resonanz

Netzwerke aus passiven Zweipolen, die sowohl Kondensatoren als auch Drosselspulen enthalten, können in einem besonderen Betriebszustand betrieben werden, der mit **Resonanz** bezeichnet wird. Bei Resonanz sind Strom und Spannung am Netzwerk trotz der vorhandenen Blindwiderstände in Phase. Im folgenden werden zwei einfache Resonanzkreise (Schwingkreise) untersucht. Die Voraussetzungen für die Anwendung der komplexen Rechnung sind gegeben.

Reihenresonanzkreis

Der Reihenresonanzkreis besteht aus der Reihenschaltung eines ohmschen, eines induktiven und eines kapazitiven Widerstandes. Sein komplexer frequenzabhängiger Widerstand $\underline{Z}(\omega)$ hat den Wert

$$\underline{Z}(\omega) = R + j\omega L + \frac{1}{j\omega C} = Z(\omega) \underline{/\ \phi(\omega)} \qquad (5.12)$$

$$Z(\omega) = \sqrt{R^2 + (\omega L - \frac{1}{\omega C})^2}$$

$$\phi(\omega) = \arctan \frac{\omega L - \frac{1}{\omega C}}{R}$$

$\underline{Z}$ hat einen frequenzunabhängigen Realteil: $\mathrm{Re}\,(\underline{Z}) = R$

und einen frequenzabhängigen Imaginärteil: $\mathrm{Im}\,(\underline{Z}) = \omega L - \frac{1}{\omega C}$

Der Betriebszustand **Resonanz** wird bei $\mathrm{Im}\,(\underline{Z}) = 0$ erreicht. Das ist der Fall bei der Resonanzkreisfrequenz ω_0:

$$\omega_0 L - \frac{1}{\omega_0 C} = 0 \qquad \omega_0 = \frac{1}{\sqrt{LC}} \tag{5.13}$$

Der Betrag des Blindwiderstandes der Induktivität bzw. der Kapazität bei Resonanz wird als **Schwing- oder Kennwiderstand** Z_K des Resonanzkreises bezeichnet.

$$\omega_0 L = \frac{1}{\omega_0 C} = \frac{L}{\sqrt{LC}} = \frac{\sqrt{LC}}{C} = \sqrt{\frac{L}{C}} = Z_K \tag{5.14}$$

Wird die Beziehung (5.14) in die Gleichung (5.12) eingeführt, ergibt sich für $Z(\omega)$:

$$Z(\omega) = \sqrt{R^2 + Z_k^2 \left(\frac{\omega}{\omega_0} - \frac{\omega_0}{\omega}\right)^2}$$

Hierin kann zur Vereinfachung die Verstimmung v eingeführt werden:

$$v = \frac{\omega}{\omega_0} - \frac{\omega_0}{\omega} = \frac{f}{f_0} - \frac{f_0}{f} \tag{5.15}$$

Die Verstimmung v ist ein Maß für die Abweichung der Frequenz von der Resonanzfrequenz.

Im Bild 5.10 sind die Zeigerdiagramme des Stromes und der Spannungen eines Resonanzkreises aufgezeichnet.

Am Zeigerdiagramm der Spannungen bei Resonanz ($\omega = \omega_0$) ist zu sehen, daß die an einem der Blindwiderstände vorhandene Spannung $\underline{U}_L$ bzw. $\underline{U}_C$ wesentlich größer sein kann als die am gesamten Schwingkreis auftretende Spannung $\underline{U}$. Diese bei Resonanz vorhandene Spannungsüberhöhung ist – wie die Gleichung (5.16) zeigt – abhängig vom Verhältnis des Schwingwiderstandes zum ohmschen Widerstand des Reihenresonanzkreises. Dieses Verhältnis wird deshalb auch **Güte** des Schwingkreises Q genannt.

$$\frac{U_L}{U} = \frac{U_C}{U} = \frac{\omega_0 L}{R} = \frac{1}{\omega_0 C \cdot R} = \frac{1}{R}\sqrt{\frac{L}{C}} = \frac{Z_K}{R} = Q \tag{5.16}$$

Mit der Definition (5.16) können die Gleichungen (5.14) und (5.12) umgeschrieben werden

$$\frac{\underline{Z}}{R} = 1 + jvQ \tag{5.17}$$

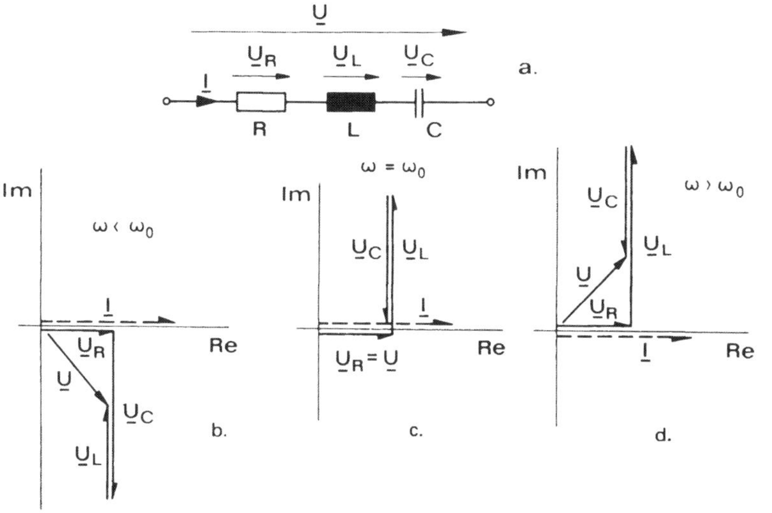

Bild 5.10 Zeigerdiagramm des Stromes und der Spannungen eines Reihenresonanzkreises bei verschiedenen Frequenzen
a) Schaltbild mit Zählpfeilen
b) Zeigerdiagramm bei $\omega < \omega_0$
c) Zeigerdiagramm bei $\omega = \omega_0$
d) Zeigerdiagramm bei $\omega > \omega_0$

$$\frac{Z(\omega)}{R} = \sqrt{1 + (vQ)^2}$$

$$\phi(\omega) = \arc\tan(vQ)^\circ$$

Die Frequenzabhängigkeit des Widerstandes $\underline{Z}$ des Reihenkreises und des Leitwertes $\underline{Y} = 1/\underline{Z}$ ist in Form der Ortskurven dieser Größen in Bild 5.11 dargestellt.

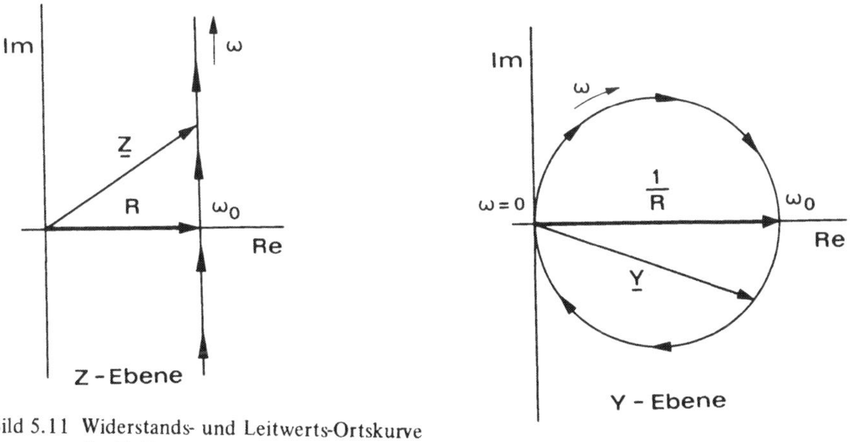

Bild 5.11 Widerstands- und Leitwerts-Ortskurve des Reihenresonanzkreises (Parameter: Frequenz)

Im Bild 5.12 sind der Betrags-Frequenzgang und der Phasenwinkel-Frequenzgang dargestellt. Sie werden entweder der Ortskurve des Bildes 5.11 entnommen oder mit Hilfe der Gleichungen (5.12) und (5.14) berechnet.

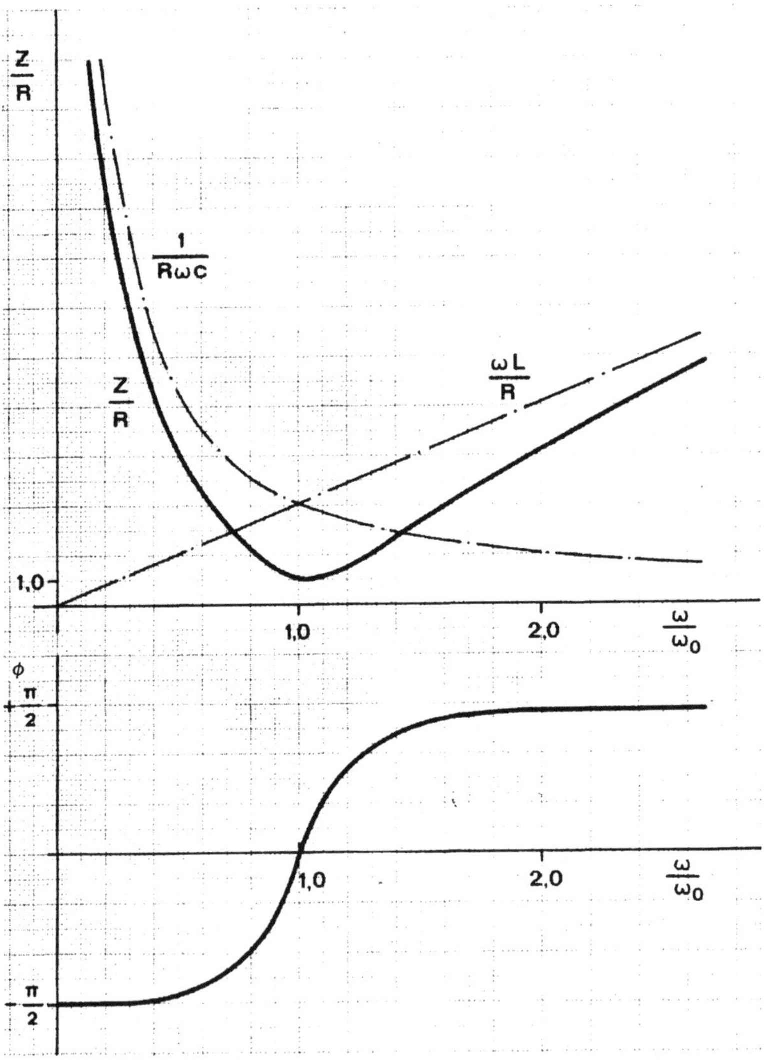

Bild 5.12 Betrags- und Phasenwinkel-Frequenzgang des Widerstandes eines Reihenresonanzkreises

Zwei ausgezeichnete Kreisfrequenzen sind diejenigen, bei denen die Phasenverschiebung zwischen Strom $\underline{I}$ und Gesamtspannung $\underline{U}$ beim Reihenresonanzkreis $\pm 45°$ beträgt:

Aus dem Ansatz:

$$\omega_{\pm 45} L - \frac{1}{\omega_{\pm 45} C} = \pm R$$

ergibt sich:

$$\omega_{\pm 45} = \sqrt{\frac{1}{LC} + \left(\frac{R}{2L}\right)^2} \pm \frac{R}{2L} \tag{5.18}$$

Bei diesen Kreisfrequenzen $\omega_{\pm 45}$ ist der Widerstand Z:

$$Z(\omega_{\pm 45}) = \sqrt{2} \cdot Z(\omega_0) = \sqrt{2} \cdot R \tag{5.19}$$

Die sogenannte 45°-Verstimmung ergibt sich aus den Gleichungen (5.17) und (5.19) zu:

$$v_{\pm 45} = \pm \frac{R}{Z_K} = \pm \frac{1}{Q} \tag{5.20}$$

Oft werden die 45°-Kreisfrequenzen oder die 45°-Frequenzen als „Grenzfrequenzen" und das Gebiet zwischen ihnen als Bandbreite b bezeichnet:

$$b = f_{+45} - f_{-45} \tag{5.21}$$

Es muß vermerkt werden, daß die Frequenzen $f_{\pm 45}$ nur näherungsweise um $\pm \frac{b}{2}$ von f_0 entfernt liegen. Die Näherung ist um so besser, je größer Q ist.

Mit der Gleichung (5.18) geht für b hervor:

$$b = \frac{1}{2\pi} \cdot \frac{R}{L} \tag{5.22}$$

Wird die Gleichung (5.16) berücksichtigt, so läßt sich der direkte Zusammenhang der relativen Bandbreite b/f_0 mit der Güte erkennen:

$$\frac{b}{f_0} = \frac{1}{Q} \tag{5.23}$$

Parallelresonanzkreis

Der Parallelresonanzkreis besteht aus der Parallelschaltung eines ohmschen, eines induktiven und eines kapazitiven Leitwertes. Sein komplexer Gesamtleitwert $\underline{Y}(\omega)$ ist:

$$\underline{Y}(\omega) = G + \frac{1}{j\omega L} + j\omega C = Y(\omega) \underline{/\phi(\omega)} \tag{5.24}$$

$$Y(\omega) = \sqrt{G^2 + (\omega C - \frac{1}{\omega L})^2}$$

$$\phi(\omega) = \arc\tan\left(\frac{\omega C - \frac{1}{\omega L}}{R}\right)$$

Sein Realteil G ist frequenzunabhängig, während der Imaginärteil

$$\mathrm{Im}(\underline{Y}) = \omega C - \frac{1}{\omega L}$$

frequenzabhängig ist.

Resonanzfall:

$$\mathrm{Im}(\underline{Y}) = 0 = \omega_0 C - \frac{1}{\omega_0 L}$$

Daraus ergibt sich wieder die Resonanz-Kreisfrequenz

$$\omega_0 = \frac{1}{\sqrt{LC}}$$

In Analogie zu den Beziehungen des Reihenresonanzkreises ergibt sich der Schwingleitwert Y_K:

$$Y_K = \frac{1}{\omega_0 L} = \omega_0 C = \sqrt{\frac{C}{L}} \tag{5.25}$$

Damit ergibt sich für den Leitwert $\underline{Y}$ des Parallelschwingkreises

$$Y(\omega) = \sqrt{G^2 + Y_K^2 \left(\frac{\omega}{\omega_0} - \frac{\omega_0}{\omega}\right)^2} \tag{5.26}$$

$$\frac{Y(\omega)}{G} = \sqrt{1 + (vQ)^2}$$

Im Bild 5.13 sind die Zeigerdiagramme der Spannung und der Ströme des Parallelresonanzkreises und im Bild 5.14 die Widerstands- und die Leitwert-Ortskurve dargestellt.

In Analogie zur Gleichung (5.16) ergibt sich für die Stromüberhöhung bei Resonanz:

$$\frac{I_L}{I} = \frac{I_C}{I} = \frac{1}{G\omega_0 L} = \frac{\omega_0 C}{G} = \frac{1}{G}\sqrt{\frac{C}{L}} = \frac{Y_K}{G} = Q \tag{5.27}$$

Werden die 45°-Verstimmung $v_{\pm 45}$ und die relative Bandbreite analog zum Reihenresonanzkreis auch für den Parallelkreis abgeleitet, so ergibt sich

$$v_{\pm 45} = \pm \frac{G}{Y_K} = \pm \frac{1}{Q} \qquad \frac{b}{f_0} = \frac{1}{Q} \tag{5.28}$$

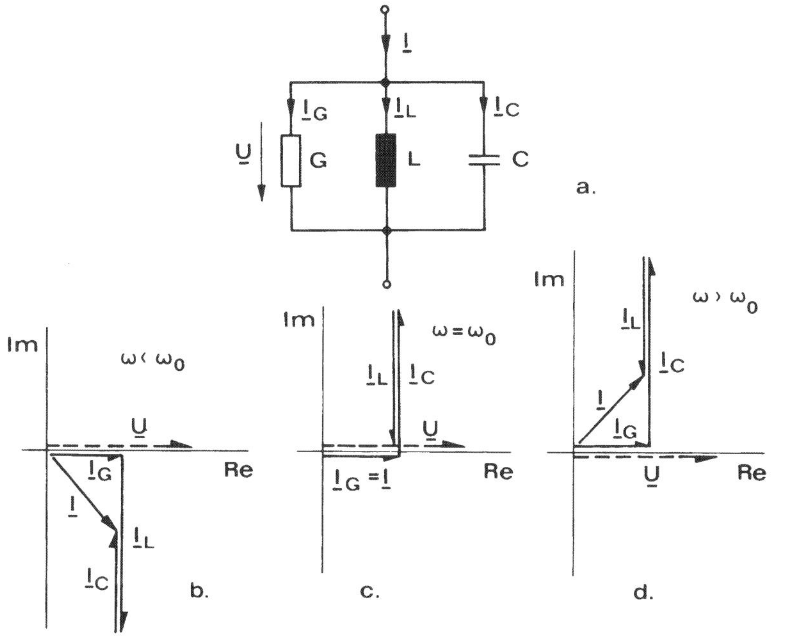

Bild 5.13 Zeigerdiagramm der Spannung und der Ströme eines Parallelresonanzkreises bei verschiedenen Frequenzen
a) Schaltbild mit Zählpfeilen
b) Zeigerdiagramm bei $\omega < \omega_0$
c) Zeigerdiagramm bei $\omega = \omega_0$
d) Zeigerdiagramm bei $\omega > \omega_0$

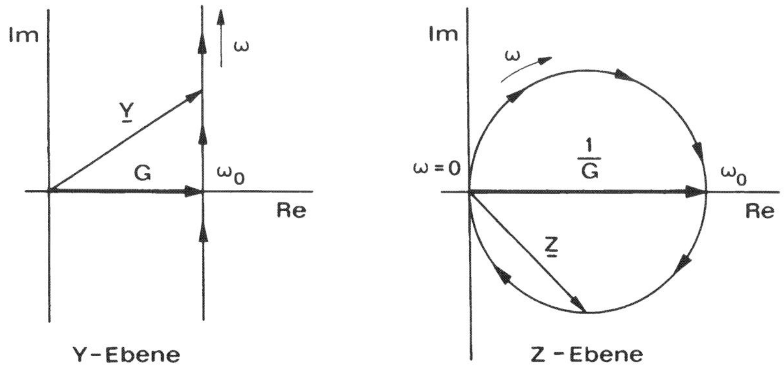

Bild 5.14 Leitwert- und Widerstands-Ortskurve des Parallelresonanzkreises (Parameter: Frequenz)

Das Bild 5.15 zeigt schließlich den Betrags- und den Phasenwinkel-Frequenzgang des Parallelresonanzkreises.

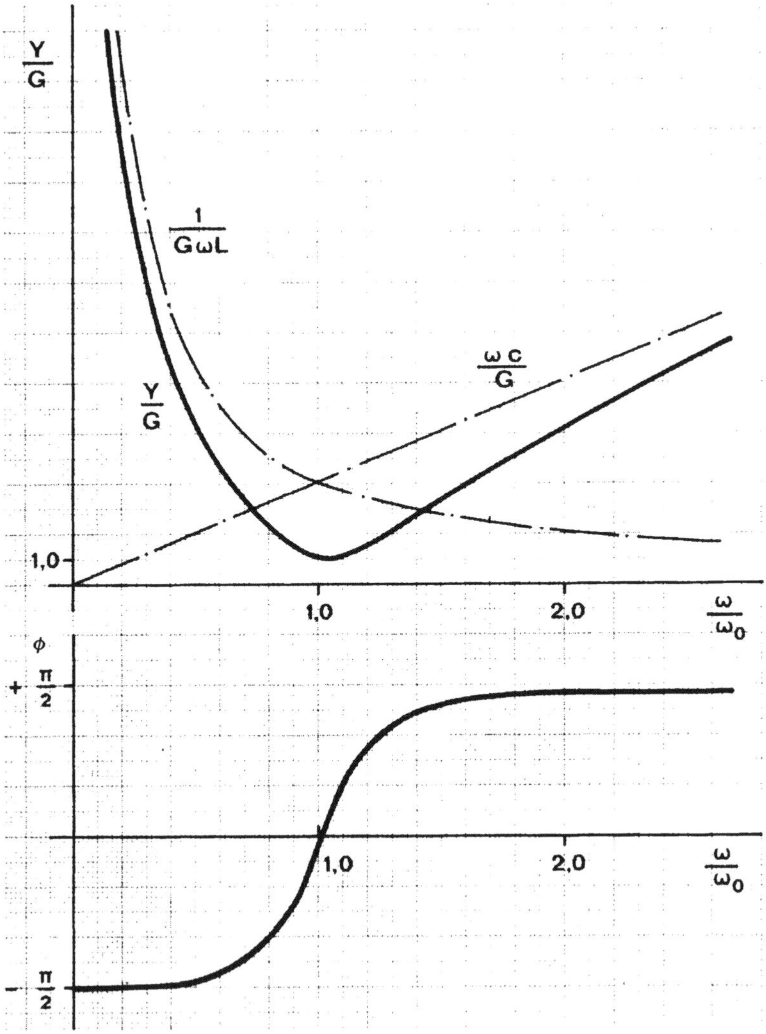

Bild 5.15 Betrags- und Phasenwinkel-Frequenzgang des Leitwertes eines Parallelresonanzkreises

Durch Inversion und Einführung des Kennwiderstandes $Z_K = 1/Y_K$ in Gleichung (5.28) kann aus $\frac{Y}{G}$ auch die Frequenzabhängigkeit des Widerstandes des Parallelresonanzkreises ermittelt werden. Diese ist in Bild 5.16 aufgezeichnet.

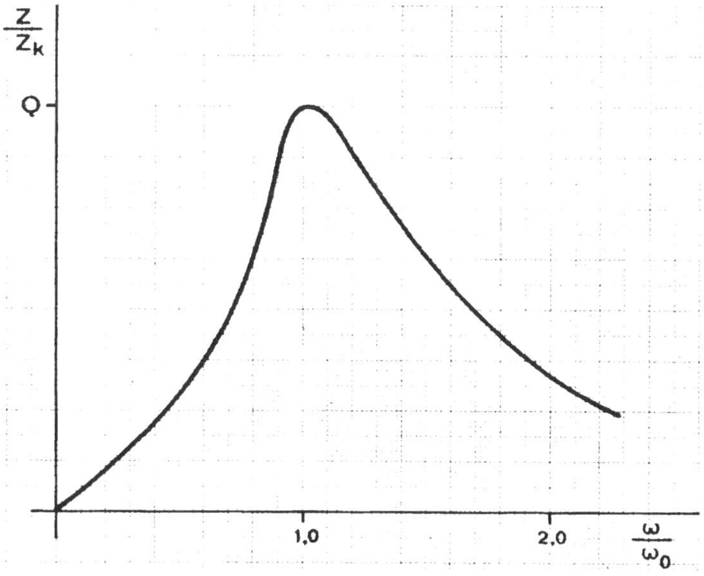

Bild 5.16 Normierter Widerstand eines Parallelresonanzkreises in Abhängigkeit von der Frequenz

Beispiel

Ein Reihenresonanzkreis soll von einem Generator konstanter Spannung und veränderlicher Frequenz gespeist werden. Wegen der Frequenzabhängigkeit des Widerstandes $\underline{Z}$ ist der Strom über den Reihenresonanzkreis ebenfalls frequenzabhängig. Sein Verlauf und der der Teilspannungen ist in Abhängigkeit von der Frequenz darzustellen. (Für die Rechnung wird die Speisespannung in die reelle Achse gelegt.)

$$\underline{I} = \frac{U}{\underline{Z}} = \frac{U}{R} \cdot \frac{1}{1 + jvQ}; \qquad I = \frac{U}{R} \frac{1}{\sqrt{1 + (vQ)^2}}$$

Schaltbild und Zählpfeile für die Rechnung sind dem Bild 5.10 zu entnehmen.

Die Spannung am ohmschen Widerstand ergibt sich zu:

$$\underline{U}_R = \underline{I} \cdot R; \qquad \frac{U_R}{U} = \frac{1}{\sqrt{1 + (vQ)^2}}$$

Die Teilspannungen an den Blindelementen:

$$\underline{U}_L = \underline{I} \cdot j\omega L; \qquad \frac{U_L}{U} = \frac{Q \frac{\omega}{\omega_0}}{\sqrt{1 + (vQ)^2}}$$

$$\underline{U}_C = \underline{I} \cdot \frac{1}{j\omega C}; \qquad \frac{U_C}{U} = \frac{Q\,\frac{\omega_0}{\omega}}{\sqrt{1 + (vQ)^2}}$$

Den Verlauf der Beträge der Spannungen U_R, U_L und U_C bezogen auf die Speisespannung U für einen Reihenresonanzkreis der Güte Q = 4 zeigt das Bild 5.17. Als unabhängige Variable wurde die Größe (vQ) gewählt.

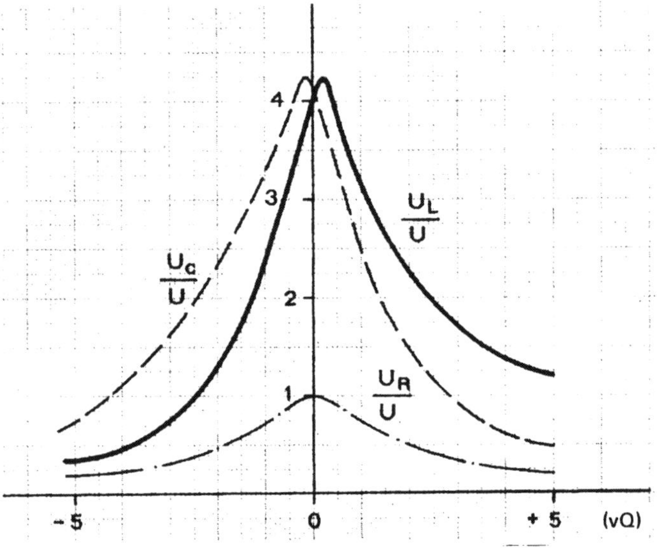

Bild 5.17 Normierte Teilspannungen eines Reihenresonanzkreises an konstanter Spannung in Abhängigkeit von der Verstimmung

5.4 Aufgaben zum Abschnitt 5

Aufgabe 5.41

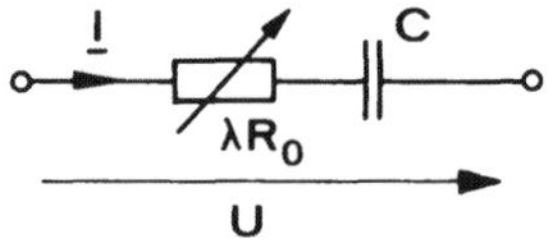

In der skizzierten Schaltung kann der Widerstand zwischen den Werten 0 und 10 kΩ verändert werden. Die Spannung U ist konstant und hat einen Betrag von 100 V bei einer Frequenz von 500 Hz.

$$R_0 = 10\,\text{k}\Omega; \quad 0 \leqslant \lambda \leqslant 1 \quad C = 127\,\text{nF}$$

Es soll die Ortskurve des Stromes gezeichnet werden.

Bei welchen Widerstandseinstellungen beträgt der Phasenwinkel zwischen Strom und Spannung 45° bzw. 60°? Wie groß sind die Beträge der dann fließenden Ströme?

Aufgabe 5.42

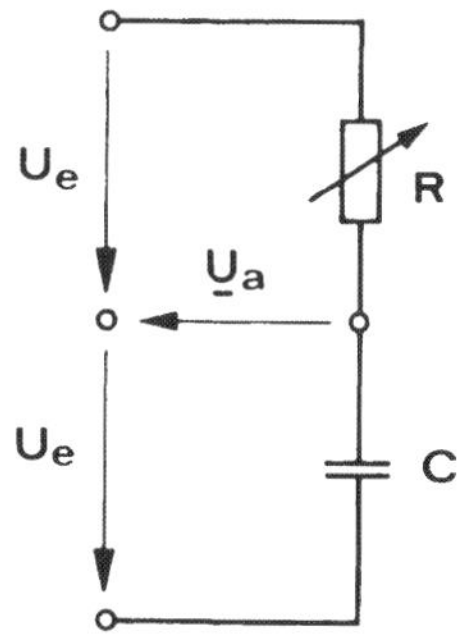

Die Schaltung stellt eine Phasenschwenkbrücke dar. Es ist die Ortskurve der unbelasteten Ausgangsspannung $\underline{U}_a$ zu zeichnen, wenn sich der Widerstand R zwischen den Werten 0 und ∞ ändert.

Aufgabe 5.43

Eine RC-Reihenschaltung wird an einer Spannung konstanten Betrages betrieben. Wie ändert sich der Strom, wenn sich die Frequenz von 16 kHz bis 160 kHz ändert?

$R = 3{,}9\ \text{k}\Omega;\quad C = 0{,}82\ \text{nF};\quad U = 10\ \text{V}$

Aufgabe 5.44

Der Frequenzgang der Spannung am Kondensator in einer RC-Reihenschaltung, die mit konstanter Spannung veränderbarer Frequenz gespeist wird, ist zu zeichnen.

Aufgabe 5.45

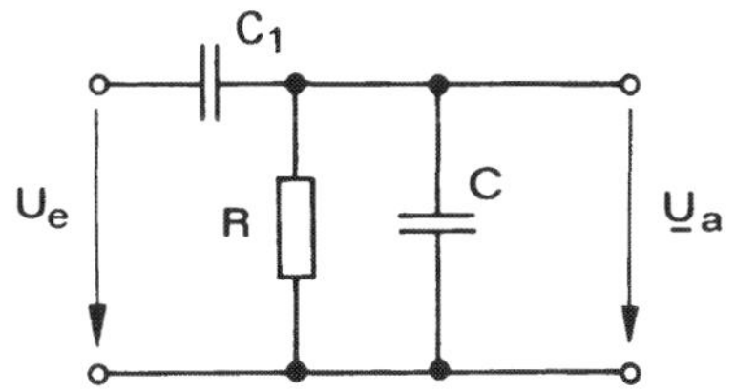

Für die gezeichnete Schaltung ist der Frequenzgang des Spannungsverhältnisses

$\frac{\underline{U}_a}{\underline{U}_e}$ in logarithmischer Form zu zeichnen.

$$R = 120\,\mathrm{k\Omega}; \quad C_1 = 120\,\mathrm{pF}; \quad C_2 = 360\,\mathrm{pF}$$

Aufgabe 5.46

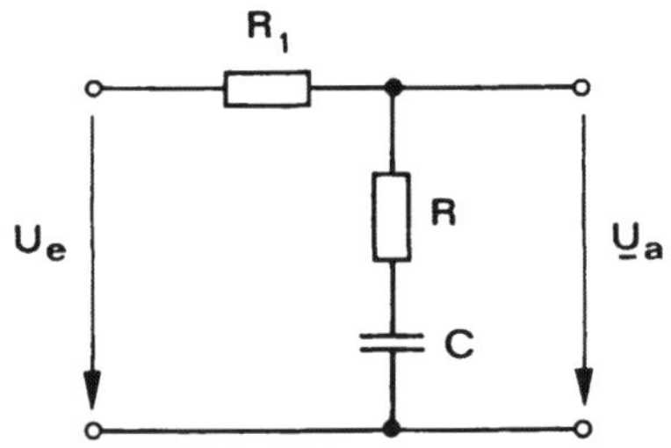

Für die gezeichnete Schaltung ist der Frequenzgang des Spannungsverhältnisses

$\frac{\underline{U}_a}{\underline{U}_e}$ in logarithmischer Form zu zeichnen. Es werde angenommen $R_1 \gg R$.

Aufgabe 5.47

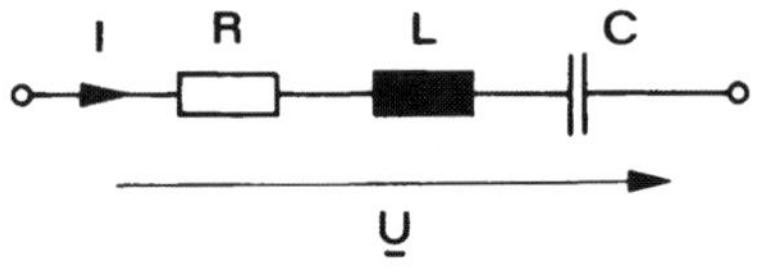

Wie groß ist die Güte Q des skizzierten Schwingkreises?
Welche Spannung liegt am Schwingkreis, wenn er mit einem Strom von I = 35 mA gespeist wird und wenn die Frequenz von I so gewählt ist, daß die Phasenverschiebung zwischen Spannung und Strom 45° beträgt?

$$R = 4{,}8\,\Omega; \quad L = 145\,\mu\mathrm{H}; \quad C = 27{,}6\,\mathrm{nF}$$

Aufgabe 5.48

Ein elektrischer Parallelresonanzkreis hat die Kenngrößen

$$Z_K = 1{,}2\,\mathrm{k\Omega}, \quad f_0 = 7{,}2\,\mathrm{kHz}, \quad Q = 47$$

Es sind die Induktivität L_p, die Kapazität C_p und der Widerstand R_p zu bestimmen. Wie groß sind die 45°-Frequenzen und die Bandbreite b des Schwingkreises?

Lösungen der Aufgaben zum Abschnitt 5

Aufgabe 5.41

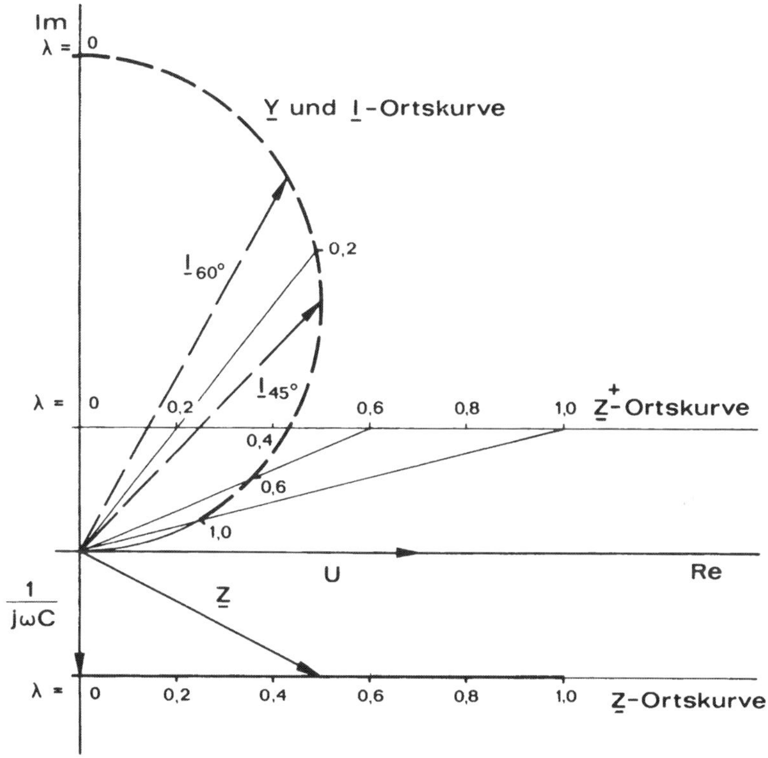

Die $\underline{Z}$-Ortskurve ergibt sich aus $\underline{Z} = \frac{1}{j\omega C} + \lambda \cdot R_0$ zu einer Strecke parallel zur Realachse.

Die $\underline{Y}$-Ortskurve ist dann der dargestellte Halbkreis. Der Teil des Halbkreises, der für den Parameterbereich gilt, ist hervorgehoben. Die Parameterverteilung auf der $\underline{Y}$-Ortskurve wird von der $\underline{Z}^+$-Ortskurve übernommen. Bei der Inversion $\underline{Y} = \frac{1}{\underline{Z}}$ ist die Richtung von $\underline{Y}$ durch die Richtung von $\underline{Z}^+$ (konjugiert komplexer Zeiger zu $\underline{Z}$) bestimmt.

Die $\underline{Z}$-Ortskurve wird am besten mit einem Maßstab $m_z = 100 \frac{\Omega}{mm}$ gezeichnet.

Für die $\underline{Y}$-Ortskurve wird vorgeschlagen: $m_y = 4 \frac{\mu S}{mm}$

$$\underline{I} = U \cdot \underline{Y}$$

Die Spannung an der Schaltung wird in die Realachse gelegt. Dann kann die $\underline{I}$-Ortskurve nur durch eine Maßstabsänderung aus der $\underline{Y}$-Ortskurve gewonnen werden.
Der stark gezeichnete Teil des Halbkreises stellt die $\underline{I}$-Ortskurve dar.

$$\text{Maßstab: } m_I = 400\ \frac{\mu A}{mm}$$

Strom mit Phasenwinkel 45°: $I_{45°} = 28{,}3$ mA; $\lambda = 0{,}25$

Strom mit Phasenwinkel 60°: $I_{60°} = 34{,}5$ mA; $\lambda = 0{,}145$

Aufgabe 5.42

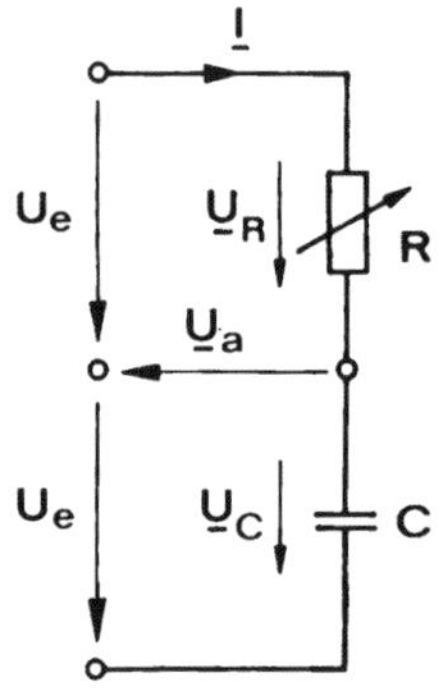

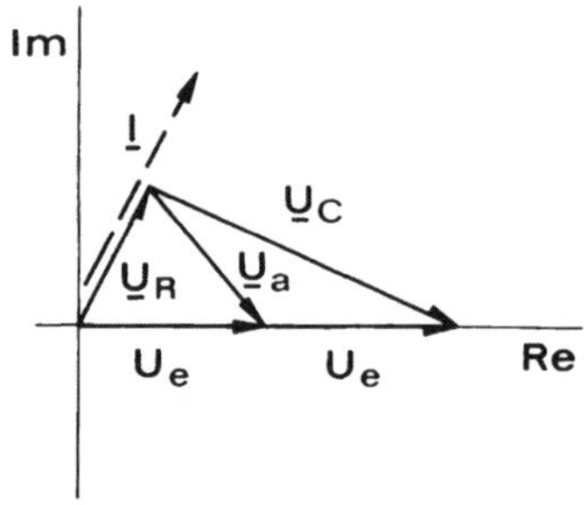

In das Schaltbild werden die Zählpfeile eingetragen. Gespeist wird die Brücke über zwei nach Betrag und Phase gleichgroße Spannungen U_e. Diese werden in die reelle Achse gelegt.
Das Zeigerdiagramm der Spannungen wurde für einen beliebigen Parameterwert gezeichnet.
Die Zeiger berechnen sich dabei wie folgt:

$$\underline{U}_R = \underline{I} \cdot R \qquad \underline{I} = 2\,U_e\,\frac{1}{R + 1/j\omega C}$$

$$\underline{U}_R = 2\,U_e\,\frac{1}{1 - j/R\omega C}$$

$$\underline{U}_R + \underline{U}_a = U_e \qquad \underline{U}_R + \underline{U}_C = 2\,U_e$$

$$\underline{U}_a = U_e - \underline{U}_R$$

Entsprechend der letzten Gleichung wird die $\underline{U}_a$-Ortskurve aus der Ortskurve $\underline{U}_R$ entwickelt.

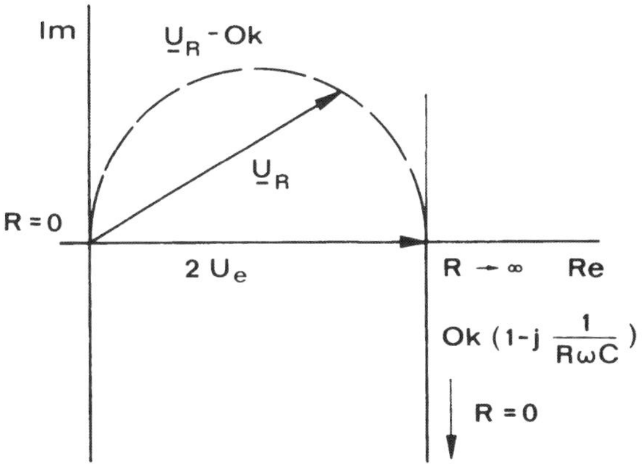

Die eingezeichnete Gerade stellt die Ortskurve $(1 - j \frac{1}{R\omega C})$ zwischen den Parameterwerten R = 0 und R → ∞ dar.
Die $\underline{U}_R$-Ortskurve entsteht daraus durch Inversion und Multiplikation mit 2 U_e. Bei dieser Multiplikation wird auch der Maßstab für die Spannungen gewählt. Die $\underline{U}_R$-Ortskurve ist der gestrichelt gezeichnete Halbkreis.

Entsprechend der letzten Gleichung für die Spannung $\underline{U}_a$ muß für die $\underline{U}_a$-Ortskurve die $\underline{U}_R$-Ortskurve mit dem Faktor (- 1) multipliziert und um den Betrag U_e verschoben werden. Dabei wird diese Verschiebung durch eine Verlagerung der imaginären Achse des Koordinatensystems (Im → Im') berücksichtigt.

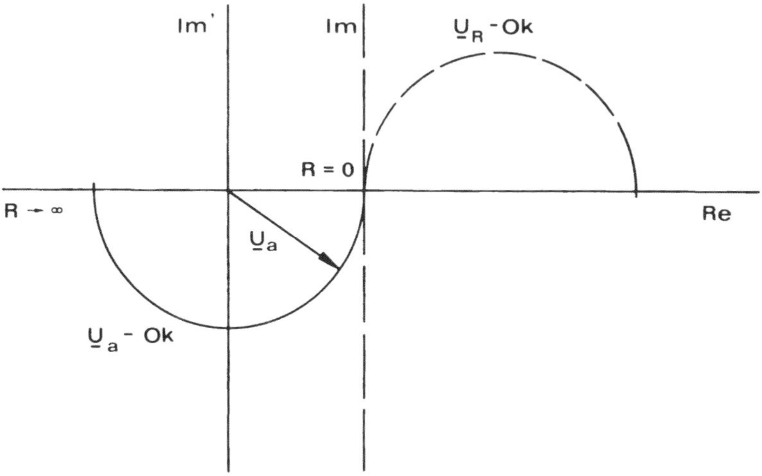

Dem Ergebnis ist zu entnehmen, daß sich die Spannung $\underline{U}_a$ um 180° ohne Änderung des Betrages dreht, wenn sich der Parameter R zwischen den Werten 0 und ∞ ändert.

Aufgabe 5.43

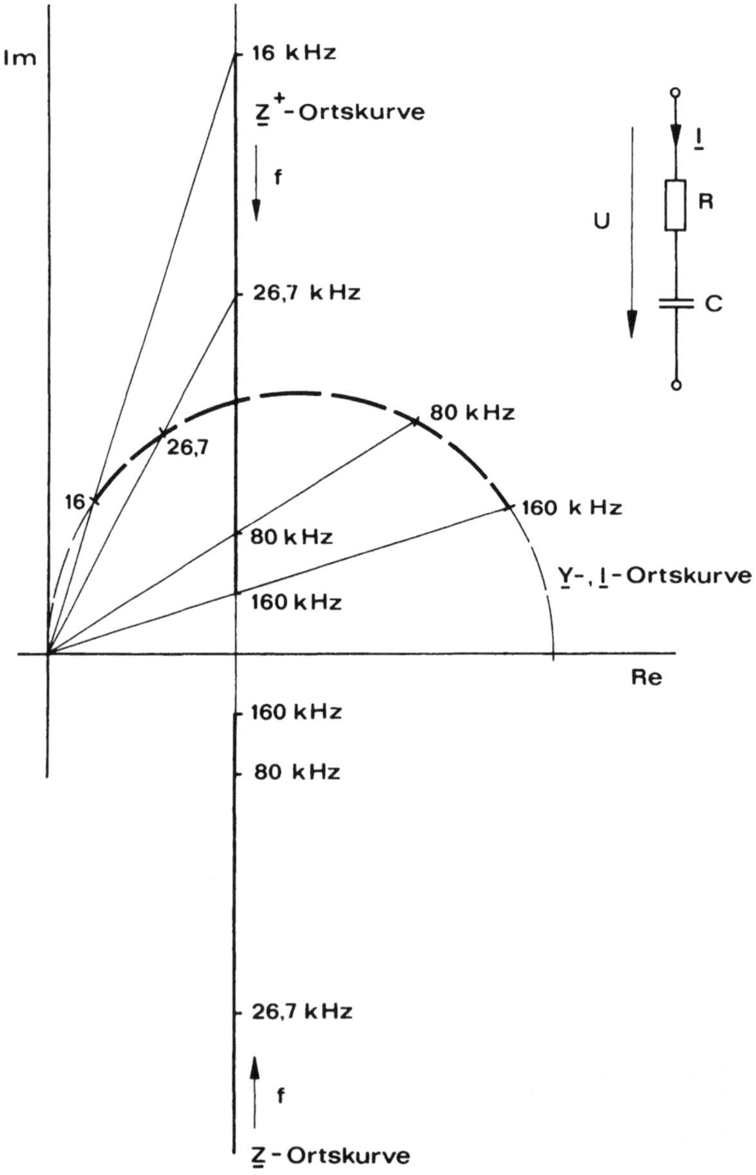

Die $\underline{I}$-Ortskurve wird aus der $\underline{Y}$-Ortskurve berechnet.

$$\underline{I} = U \cdot \underline{Y}$$

$\underline{Y}$-Ortskurve: $$\underline{Y} = \frac{1}{\underline{Z}} = \frac{1}{R + 1/j\omega C}$$

Vorgeschlagener Maßstab für $\underline{Z}$- und $\underline{Z}^+$-Ortskurve:

$$1\text{ cm} \mathrel{\hat{=}} 1\text{ k}\Omega \text{ oder } m_z = 100\,\frac{\Omega}{\text{mm}}$$

für $\underline{Y}$-Ortskurve $$1\text{ cm} \mathrel{\hat{=}} 25\,\mu\text{S} \text{ oder } m_y = 2{,}5\,\frac{\mu\text{S}}{\text{mm}}$$

für $\underline{I}$-Ortskurve $$1\text{ cm} \mathrel{\hat{=}} 250\,\mu\text{A oder } m_I = \frac{25\,\mu\text{A}}{\text{mm}}$$

Aufgabe 5.44

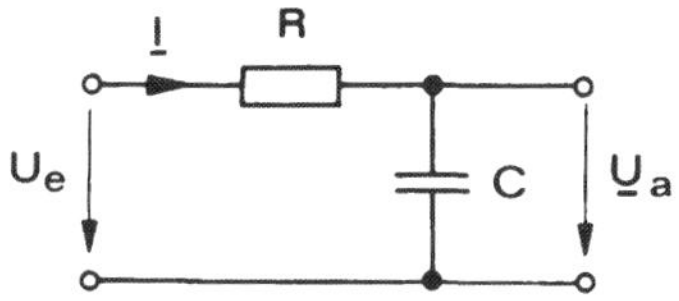

Die Spannung am Kondensator ist jetzt die Ausgangsgröße $\underline{U}_a$. Die Speisespannung U_e wird als reell angenommen.

$$\underline{Z} = R + \frac{1}{j\omega C}; \quad \frac{\underline{U}_a}{U_e} = \frac{1}{1 + j\omega RC}$$

mit $R \cdot C = \tau$

$$\frac{\underline{U}_a}{U_e} = \frac{1}{1 + j\omega\tau} = \frac{1}{1 + (\omega\tau)^2}(1 - j\omega\tau)$$

$$\frac{U_a}{U_e} = \frac{1}{\sqrt{1 + (\omega\tau)^2}}; \quad \phi = \arctan(-\omega\tau)$$

Ergebnis in logarithmischer Darstellung:

$\omega\tau \ll 1$: $$\frac{U_a}{U_e} \approx 1; \quad \text{dB-Zahl} = 0$$

$$\phi \approx 0$$

$\omega\tau \gg 1$: $$\frac{U_a}{U_e} \approx \frac{1}{\omega\tau}; \quad \text{dB-Zahl} = 20 \cdot \lg\frac{U_a}{U_e} \approx -20 \cdot \lg \omega\tau$$

Wird die $\omega\tau$-Achse logarithmisch, die dB-Zahl-Achse linear geteilt, so ist das eine Gerade mit der Steigung $(-\frac{20\text{ dB}}{\text{Dekade}})$.

Die Einheit der $\omega\tau$-Achse ist die Dekade.

$\phi \approx -90°$

$\omega\tau = 1$: $\frac{U_a}{U_e} = 0{,}707$; dB-Zahl = - 3

$\phi = -45°$

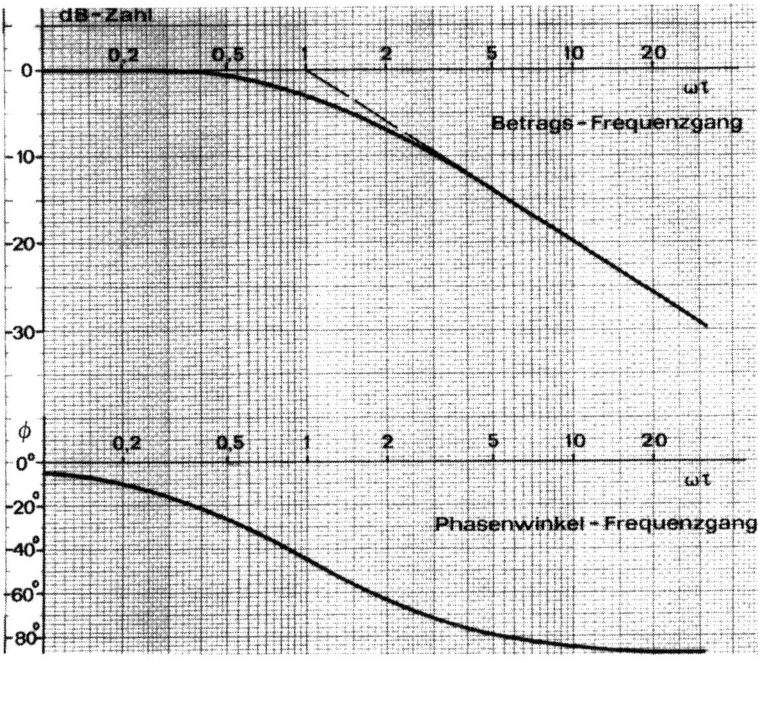

Aufgabe 5.45

$$\frac{\underline{U}_a}{\underline{U}_e} = \frac{\underline{Z}_p}{\underline{Z}_{ges}}; \quad \underline{Z}_p = \frac{R/j\omega C}{R + 1/j\omega C} = \frac{R}{1 + j\omega RC}; \quad \underline{Z}_{ges} = \frac{1}{j\omega C_1} + \underline{Z}_p$$

$$\frac{\underline{U}_a}{\underline{U}_e} = \frac{R \cdot j\omega C_1}{(1 + j\omega RC)(1 + j\omega C_1 \cdot \underline{Z}_p)} = \frac{j\omega\tau \frac{C_1}{C_1 + C}}{1 + j\omega\tau}$$

mit $\tau = R(C_1 + C)$

$$\frac{\underline{U}_a}{\underline{U}_e} = \frac{\omega\tau \dfrac{C_1}{C_1 + C}}{1 + (\omega\tau)^2} (\omega\tau + j)$$

$$\frac{U_a}{U_e} = \frac{\omega\tau \dfrac{C_1}{C_1 + C}}{\sqrt{1 + (\omega\tau)^2}}; \quad \phi = \arc\tan \frac{1}{\omega\tau}$$

Bestimmung der Asymptoten:

$\omega\tau \ll 1$: $\quad \frac{U_a}{U_e} \approx \omega\tau \frac{C_1}{C_1 + C}$

$$\text{dB-Zahl} = 20 \lg \frac{U_a}{U_e} \approx 20 (\lg \omega\tau + \lg \frac{C_1}{C_1 + C})$$

$\frac{C_1}{C_1 + C} = 0{,}25$. Diesem Verhältnis entspricht eine dB-Zahl = - 12

Die Asymptote des Frequenzganges für $\omega\tau \ll 1$ ist eine Gerade mit dem Anstieg $\frac{20 \text{ dB}}{\text{Dekade}}$, die um - 12 dB verschoben ist.

$\phi \approx 90°$

$\omega\tau \gg 1$: $\quad \frac{U_a}{U_e} \approx \frac{C_1}{C_1 + C}$

$$\text{dB-Zahl} \approx 20 \cdot \lg \frac{C_1}{C_1 + C} = - 12$$

$\phi \approx 0°$

$\omega\tau = 1$: $\quad \frac{U_a}{U_e} \approx \frac{1}{\sqrt{2}} \frac{C_1}{C_1 + C}$

$$\text{dB-Zahl} = 20 (\lg \frac{C_1}{C_1 + C} - \lg \sqrt{2}) = 20 \lg \frac{C_1}{C_1 + C} - 3$$

dB-Zahl = - 15

$\phi = 45°$

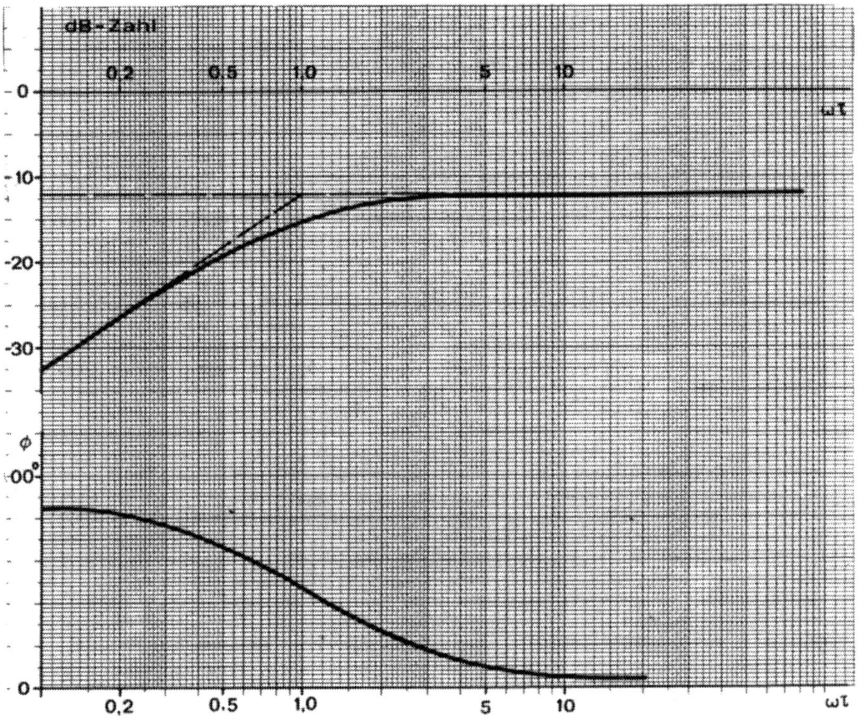

Aufgabe 5.46

$$\frac{\underline{U}_a}{\underline{U}_e} = \frac{R + 1/j\omega C}{R_1 + R + 1/j\omega C} = \frac{1 + j\omega\tau}{1 + \frac{R_1 + R}{R}\, j\omega\tau} \qquad \text{mit RC} = \tau$$

Das Ergebnis liegt in folgender Form vor:

$$\frac{\underline{U}_a}{\underline{U}_e} = \underline{A} \cdot \underline{A}_1 \qquad \text{mit } \underline{A} = 1 + j\omega\tau; \qquad \underline{A}_1 = \frac{1}{1 + \frac{R_1 + R}{R} \cdot j\omega\tau}$$

$$\frac{\underline{U}_a}{\underline{U}_e} = A \cdot A_1 \underline{/\phi + \phi_1} \qquad \text{mit } \underline{A} = A \underline{/\phi}, \quad \underline{A}_1 = A_1 \underline{/\phi_1}$$

$$\frac{U_a}{U_e} = A \cdot A_1$$

dB-Zahl = $20 \lg A + 20 \cdot \lg A_1$

$20 \lg A$ ist die dB-Zahl der Größe A
$20 \lg A_1$ ist die dB-Zahl der Größe A_1

Die dB-Zahl des Spannungsverhältnisses ist aus der Summe der einzelnen dB-Zahlen zu ermitteln.

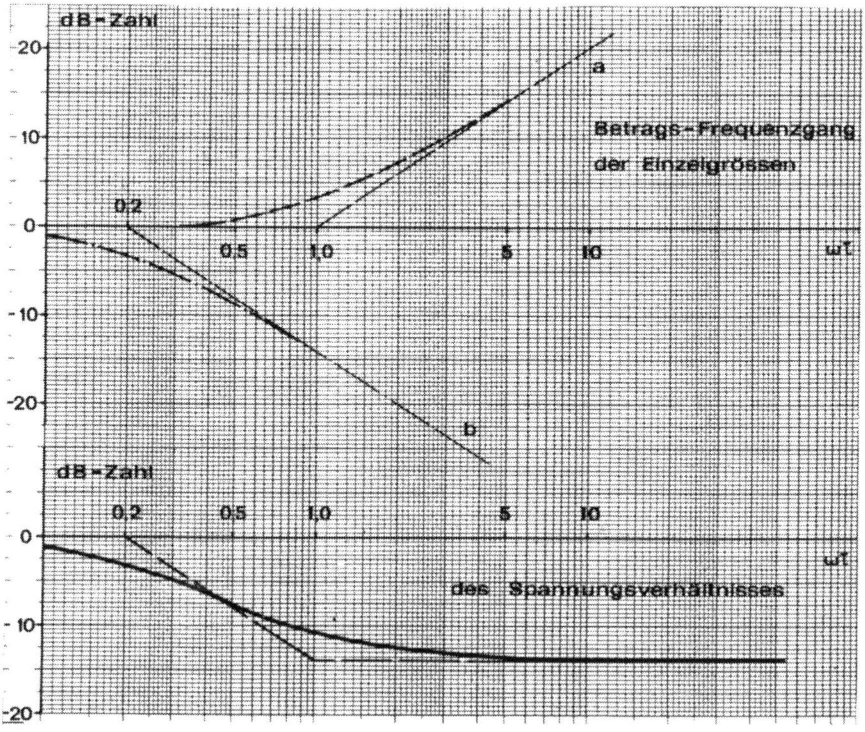

Im Bild ist 20 lg A mit a bezeichnet, 20 lg A_1 mit b.

Die aus der Summe gewonnene dB-Zahl für das Spannungsverhältnis ist stark gezeichnet.

Da $R_1 \gg R$ angenommen wurde, liegen die Punkte $\omega\tau = 1$ und $\omega\tau = \frac{R}{R_1 + R}$ auf der $\omega\tau$-Achse weit auseinander und die Addition der Kurven a und b ist mit Hilfe der Asymptoten leicht auszuführen. Die Asymptoten sind in Form der gestreckten Linien dargestellt.

Aufgabe 5.47

Bestimmung des Kennwiderstandes Z_k nach Gleichung (5.14):

$$Z_k = \sqrt{\frac{L}{C}} = \sqrt{\frac{145 \cdot 10^{-6}}{27{,}6 \cdot 10^{-9}}} \cdot \Omega = 72{,}5\ \Omega$$

Güte Q nach Gleichung (5.16)

$$Q = \frac{Z_k}{R} = 15{,}1$$

Der Betrag des Widerstandes bei 45°-Verstimmung:

$$Z_{45} = \sqrt{2} \cdot R = 6{,}78\ \Omega$$

$$U_{45} = I \cdot Z_{45} = 237\ \text{mV}$$

Aufgabe 5.48

$$\omega_0 = 2\pi \cdot f_0 = 45{,}2 \cdot 10^3\ \frac{1}{s}$$

$$L_p = \frac{Z_k}{\omega_0} = \frac{1{,}2\ \text{k}\Omega\text{s}}{45{,}2 \cdot 10^3} = 26{,}6\ \text{mH}$$

$$C_p = \frac{1}{\omega_0 \cdot Z_k} = \frac{s}{45{,}2 \cdot 10^3 \cdot 1{,}2\ \text{k}\Omega} = 18{,}5\ \text{nF}$$

$$R_p = \frac{1}{G_p} = Q \cdot Z_k = 47 \cdot 1{,}2\ \text{k}\Omega = 56{,}4\ \text{k}\Omega$$

Wegen der hohen Güte des Resonanzkreises kann mit guter Nährung gerechnet werden.

$$f_{\pm 45} = f_0 \pm \frac{b}{2}$$

Nach Gleichung (5.23):

$$b = f_0 \cdot \frac{1}{Q} = 7{,}2\ \text{kHz} \cdot \frac{1}{47} = 153\ \text{Hz}$$

$$f_{+45} = 7{,}28\ \text{kHz}; \quad f_{-45} = 7{,}12\ \text{kHz}$$

6. Netzwerke mit nicht-linearen Elementen

Nur für metallische Leiter bei konstanter Temperatur sind Strom und Spannung zueinander proportional (Gleichung 1.16).

$$u = \text{konst} \cdot i$$

Im u-i-Diagramm entspricht dieser linearen Beziehung eine gerade Kennlinie. Metallische Leiter bei konstanter Temperatur sind lineare Elemente.

Für den idealen Kondensator und die ideale Drosselspule besteht, wenn die Spannung am Element einen sinusförmigen Zeitverlauf hat, ebenfalls Proportionalität zwischen den Effektivwerten von Spannung und Strom (Abschn. 4.2).

$$U = \text{konst} \cdot I$$

Unter den Voraussetzungen, die für die Anwendung komplexer Größen getroffen wurden, sind auch der ideale Kondensator und die ideale Drosselspule „lineare Elemente".

Bei vielen Bauelementen der Elektrotechnik ist der Zusammenhang zwischen Spannung und Strom nicht durch eine Gerade im u-i-Diagramm darzustellen. Hierzu gehören alle Bauelemente aus Halbleiterwerkstoffen und Bauelemente, bei denen Ladungsträger im Vakuum oder in Gasen transportiert werden.

Die Eigenschaften dieser Bauelemente sind wegen der unterschiedlichen physikalischen Vorgänge, die in ihnen angewendet werden, sehr unterschiedlich. Demzufolge sind ihre Kennlinien sehr vielgestaltig. In diesem Abschnitt soll an einigen Beispielen gezeigt werden, wie Berechnungen in Netzwerken auszuführen sind, wenn in ihnen nicht-lineare Elemente enthalten sind.

6.1 Darstellung der Eigenschaften nicht-linearer Netzwerkselemente

Die Eigenschaften nicht-linearer Elemente können auf folgende Weise beschrieben werden:

Definition einer Funktion für die Kennlinie, die im ganzen Bereich gilt oder einer Reihe von Funktionen, die abschnittsweise gelten.

Maßstabgerechte Darstellung im Diagramm oder Angabe einer Wertetabelle. (Diese Methode wird von den Herstellern von Bauelementen bevorzugt.)

Das Bild 6.1 zeigt ein Beispiel für die maßstabgerechte Darstellung einer nicht-linearen Kennlinie. Es kann dabei sowohl u(i) als auch i(u) dargestellt werden.

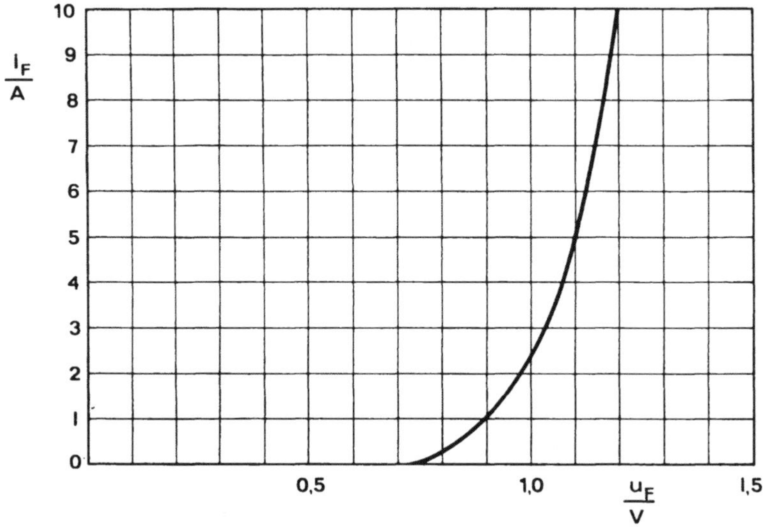

Bild 6.1 Beispiel einer nicht-linearen Kennlinie
(Typische Kennlinie einer Silizium-Diode für positive Spannungen und Ströme)

Bei vielen Bauelementen (z. B. Transistoren, Hochvakuumröhren) sind die Spannung am Element und der durch das Element fließende Strom von einer weiteren Größe (Parameter) abhängig. Das führt dazu, daß das Element im u-i-Diagramm nicht durch eine Kennlinie, sondern durch eine Kennlinienschar beschrieben wird. Jede Kennlinie der Schar ist dabei durch einen konstanten Parameterwert gekennzeichnet.

Das Bild 6.2 zeigt als Beispiel die Abhängigkeit des Kollektorstromes I_C eines Transistors von der Kollektor-Emitter-Spannung U_{CE}. Der Basisstrom I_B ist in dieser Darstellung Parameter.

Bei einem nicht-linearen Element ändert sich natürlich der Widerstand in Abhängigkeit von der Spannung oder dem Strom. So zeigt das Bild 6.3 als Beispiel den Verlauf des Widerstandes des Elementes, dessen Kennlinie im Bild 6.1 dargestellt ist. Der Widerstand ist dabei als Quotient aus den Größen Spannung und Strom für jeden Spannungswert zu bilden.

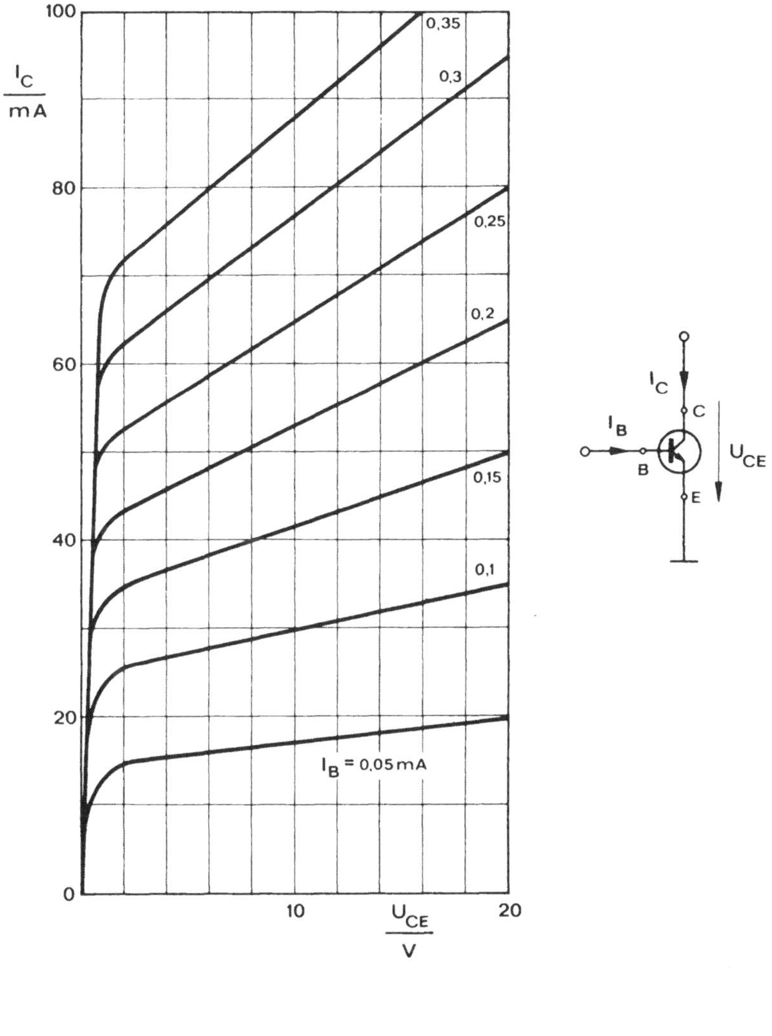

Bild 6.2 Beispiel einer Kennlinien-Schar
(Ausgangskennlinien eines Transistors)

Alle Bauelemente aus halbleitenden Stoffen besitzen nicht-lineare Kennlinien. Zu diesen Stoffen sind Titanverbindungen und manche Karbide zu rechnen. Das Bild 6.4 zeigt als Beispiel die Kennlinie eines spannungsabhängigen Widerstandes (VDR-Widerstand).

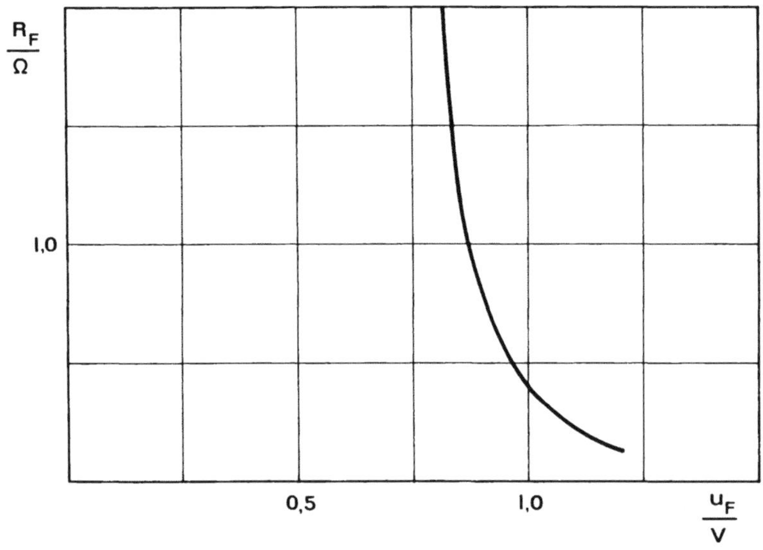

Bild 6.3 Abhängigkeit des Widerstandes einer Silizium-Diode (Kennlinie Bild 6.1) von der Spannung (nur positive Spannung).

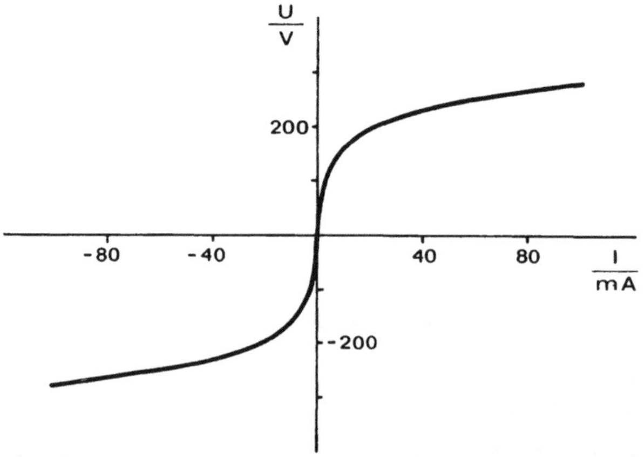

Bild 6.4 Kennlinie eines VDR-Widerstandes

Auch für die Bogenentladung zwischen zwei Elektroden ergibt sich ein nichtlinearer Zusammenhang zwischen Strom und Spannung. Das Bild 6.5 zeigt diesen Zusammenhang für einen Bogen mit konstantem Elektrodenstand.

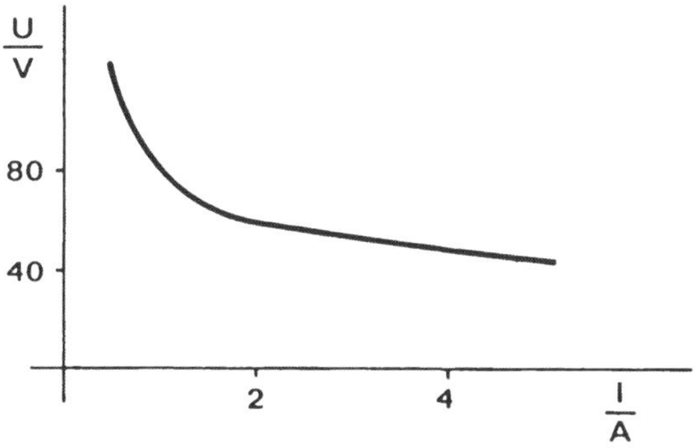

Bild 6.5 Kennlinie eines Lichtbogens bei konstantem Elektrodenabstand

Von besonderer Bedeutung sind die Kennlinien von Halbleiter-Bauelementen, deren Eigenschaften stark von der Richtung der Spannung abhängen. Solche Elemente haben Ventileigenschaften, da sie bei positiver Spannung gut leiten (Durchlaßrichtung) und bei negativer Spannung fast nicht leiten (Sperrichtung). Diese Elemente werden durch ein eigenes Symbol (Bild 6.6 a) gekennzeichnet.

Im Bild 6.6 ist die vollständige Kennlinie einer Silizium-Diode als Beispiel eines Ventils aufgezeichnet. Der Durchlaßbereich (Bild 6.6b) ist dadurch gekennzeichnet, daß bei Stromfluß eine geringe Spannung am Element liegt. In der Sperrichtung (Bild 6.6c) führt eine große Spannung (die unterschiedlichen Maßstäbe der Achsen in den Bildern b und c sind zu beachten!) zu einem im Vergleich zum Durchlaßstrom sehr kleinen Sperrstrom.

Ein **ideales Ventil** ist dadurch gekennzeichnet, daß es in Durchlaßrichtung Strom führt, ohne daß eine Spannung an ihm liegt und daß es in Sperrichtung eine Spannung aufnimmt, ohne daß ein Strom fließt. Die Kennlinie eines solchen idealen Ventiles ist in Bild 6.6d wiedergegeben.

Eine recht gute Näherung an die Kennlinie der Silizium-Diode stellt die Kennlinie im Bild 6.6e dar. Sie berücksichtigt eine konstante Spannung (Schleusenspannung U_{T0}) und eine konstante Neigung der Kennlinie für die Durchlaßrichtung und das Verhalten eines idealen Ventils in Sperrichtung.

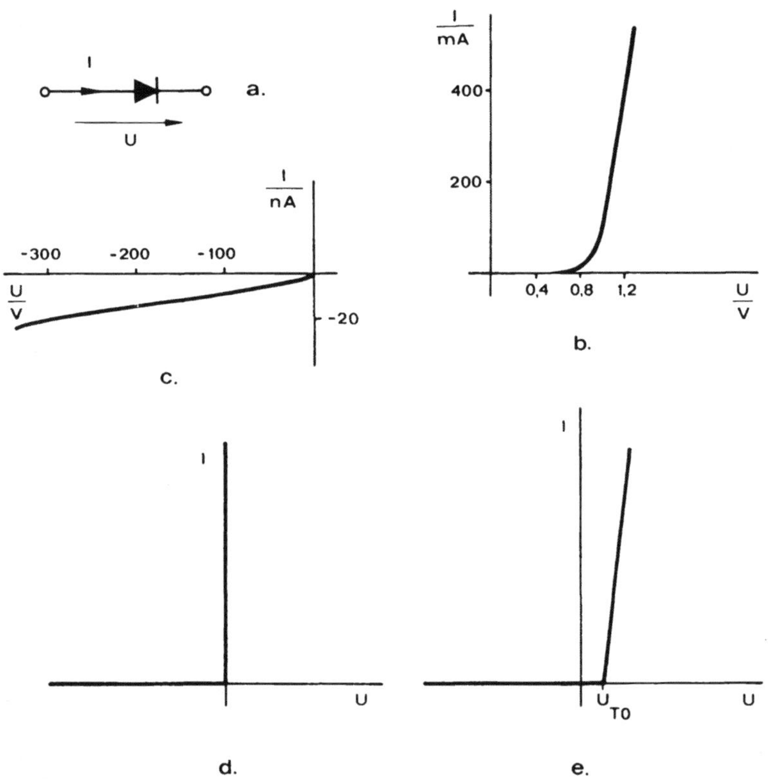

Bild 6.6 Silizium-Diode als Element mit Ventileigenschaften
a) Schaltsymbol
b) Kennlinie im Durchlaßbereich
c) Kennlinie im Sperrbereich
d) Kennlinie eines idealen Ventils
e) Angenäherte Kennlinie für eine Silizium-Diode

6.2 Zusammenschaltung linearer und nicht-linearer Netzwerkselemente

Es soll ein nicht-lineares Element, dessen Kennlinie gegeben ist, von einer technischen Spannungsquelle gespeist werden. Die Aufteilung der Gesamtspannung auf den Innenwiderstand der Spannungsquelle und das nicht-lineare Element ist wegen dessen Eigenschaften vom Strom abhängig. Bei der Berechnung des Stromes und der Spannung am Element wird von der u-i-Kennlinie ausgegangen.

Im Bild 6.7a ist die Schaltung mit den gewählten Zählpfeilen wiedergegeben. Die technische Spannungsquelle wird durch eine Quelle konstanter Spannung U_0 und einen konstanten Innenwiderstand R_i dargestellt. Im Bild 6.7b ist die Kennlinie des nicht-linearen Elementes mit u(i) bezeichnet.

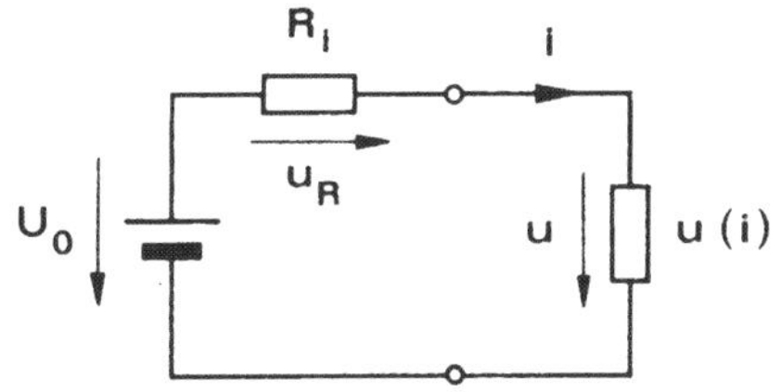

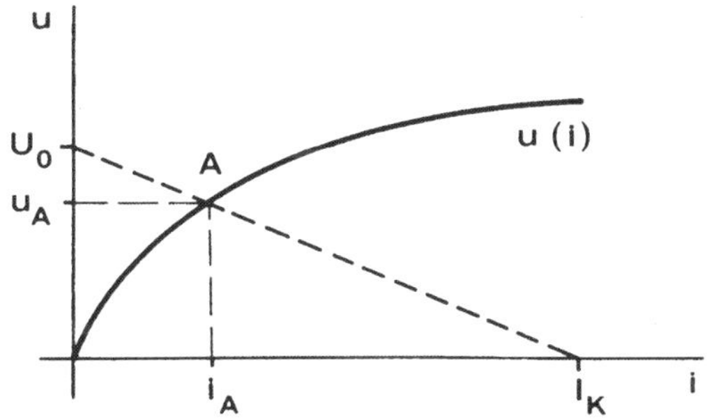

Bild 6.7 Ermitteln des Arbeitspunktes bei einem Element mit nicht-linearer Kennlinie
a) Schaltbild
b) Kennlinie

In das u-i-Diagramm wird nun die Kennlinie der Spannungsquelle (Abschn. 3.6) eingezeichnet. Diese ist die unterbrochen gezeichnete Gerade, die durch die Punkte U_0 und I_K bestimmt ist.

$$I_K = \frac{U_0}{R_i}$$

Nur der Schnittpunkt der beiden Kennlinien, Punkt A im Bild 6.7b, erfüllt die Bedingung:

$$U_0 - i \cdot R_i = u\,(i) \qquad (6.1)$$

Diese folgt aber aus der Maschenregel für den Stromkreis nach Bild 6.7a. Es stellt sich in diesem Kreis der Strom i_A ein, der dem Punkt A entspricht. Dieser Punkt wird deshalb der **Arbeitspunkt** der Schaltung genannt. Da die Kennlinie der Spannungsquelle der geometrische Ort aller Arbeitspunkte ist, wird sie auch **Arbeitsgerade** genannt.

Die Spannung am nicht-linearen Element hat die Größe u_A. Für den Arbeitspunkt gilt:

$$U_0 - i_A \cdot R_i = u_A \tag{6.2}$$

Die Spannung am Innenwiderstand R_i hat die Größe:

$$u_R = i_A \cdot R_i = U_0 - u_A \tag{6.3}$$

Auf der vorgegebenen u-i-Kennlinie eines nicht-linearen Elementes kann der Arbeitspunkt durch Verändern der Daten der Spannungsquelle frei gewählt werden. Die technische Spannungsquelle kann durch Ändern sowohl von U_0 als auch von R_i angepaßt werden. Im Bild 6.8 ist das Einstellen veranschaulicht.

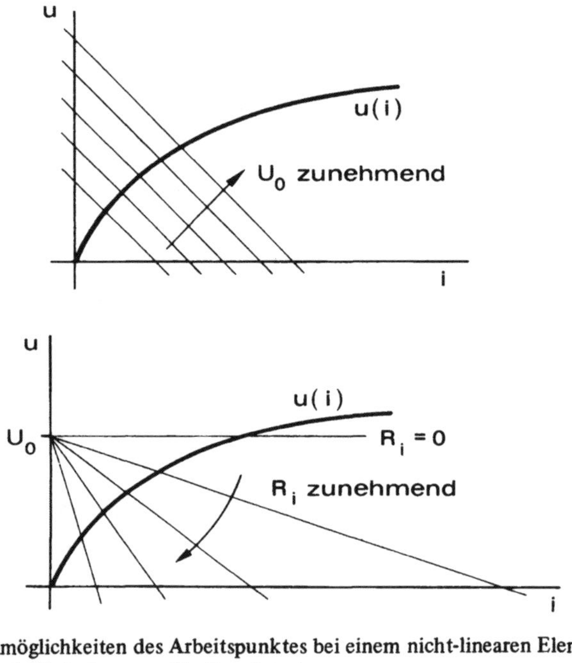

Bild 6.8 Einstellmöglichkeiten des Arbeitspunktes bei einem nicht-linearen Element
a) durch Verändern von U_0, R_i = konst.
b) durch Verändern von R_i, U_0 = konst.

Wie für alle technischen Elemente ist auch für ein nicht-lineares Element die zulässige Leistung begrenzt. Im u-i-Diagramm ist aber die Kurve konstanter Leistung entsprechend der Gleichung (6.4) eine Hyperbel:

$$u \cdot i = P = \text{konst.} \tag{6.4}$$

Die Grenzleistung P_{max} bezeichnet eine Hyperbel – die **Grenzleistungshyperbel** – die die Fläche des u-i-Diagramms in ein zulässiges und ein nicht zulässiges

Gebiet scheidet. Von der Grenzleistungshyperbel ausgehend können nur Punkte mit kleineren Werten für Strom und Spannung als Arbeitspunkte gewählt werden. Im Bild 6.9 ist in die Kennlinienschar des Bildes 6.2 eine Grenzleistungshyperbel (P_{max}) eingezeichnet. Damit sind nur noch Arbeitspunkte auf den stärker gezeichneten Teilen der Kennlinien möglich.

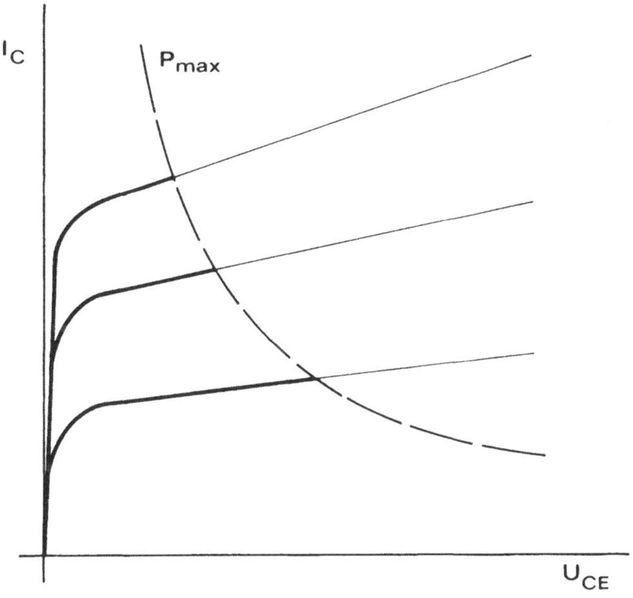

Bild 6.9 Kennlinienschar mit Grenzleistungshyperbel P_{max}

In Ergänzung zum Gleichstromwiderstand (Bild 6.3) wird bei nichtlinearen Elementen der **differentielle Widerstand** definiert. Er wird mit Hilfe der Steigung der Kennlinie im betreffenden Punkt festgelegt (6.5). Der differentielle Widerstand ist der für die Wechselgröße wirksame Widerstand, wenn einem Gleichstrom, der den Arbeitspunkt bestimmt, ein kleiner Wechselstrom überlagert ist.

Gleichstromwiderstand im Punkt A:

$$r_A = \frac{u_A}{i_A}$$

differentieller Widerstand im Punkt A:

$$r_{diff\,A} = \left.\frac{du}{di}\right|_A \qquad (6.5)$$

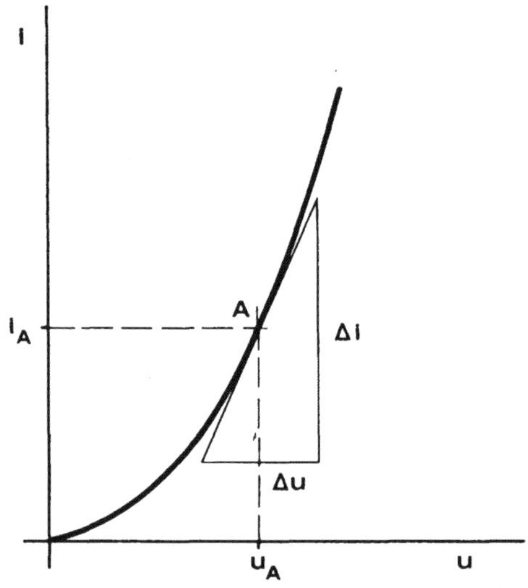

Bild 6.10 Zur Definition des differentiellen Widerstandes

Im Bild 6.10 werden Δu und Δi mit Hilfe der Tangente an die Kennlinie im Punkt A gebildet. Dann kann berechnet werden

$$r_{\text{diff A}} = \frac{\Delta u}{\Delta i}$$

6.3 Nicht-lineare Elemente bei Speisung mit harmonischen Größen

Wird ein Netzwerk, das nicht-lineare Elemente enthält, mit harmonischen Größen gespeist, so treten in ihm Größen auf, deren Zeitverlauf nicht mehr harmonisch ist. Die Berechnung eines solchen Netzwerkes mit Hilfe komplexer Größen, wie sie in den Abschn. 4 und 5 durchgeführt wurde, ist nicht möglich.

Als Beispiel sei die Entwicklung des Zeitverlaufs des Stromes eines nicht-linearen Elementes gezeigt, das mit sinusförmiger Spannung gespeist wird. Für das Bild 6.11 wurde die Kennlinie eines VDR-Widerstandes gewählt. Die Spannung u_1 sei an den Klemmen des Elementes vorhanden. Zum Zeitpunkt t_A hat die Spannung am Element den Wert u_{1A}. Der u-i-Kennlinie wird entnommen, daß der Strom dann den Wert i_{1A} hat. Dieser Betrag wird bei t_A im Diagramm des Zeitverlaufs des Stromes aufgetragen. Wird dieser Vorgang für mehrere Punkte der ganzen Periode durchgeführt, so ergibt sich der gezeichnete, stark von der Sinusform abweichende Zeitverlauf des Stromes i_1.

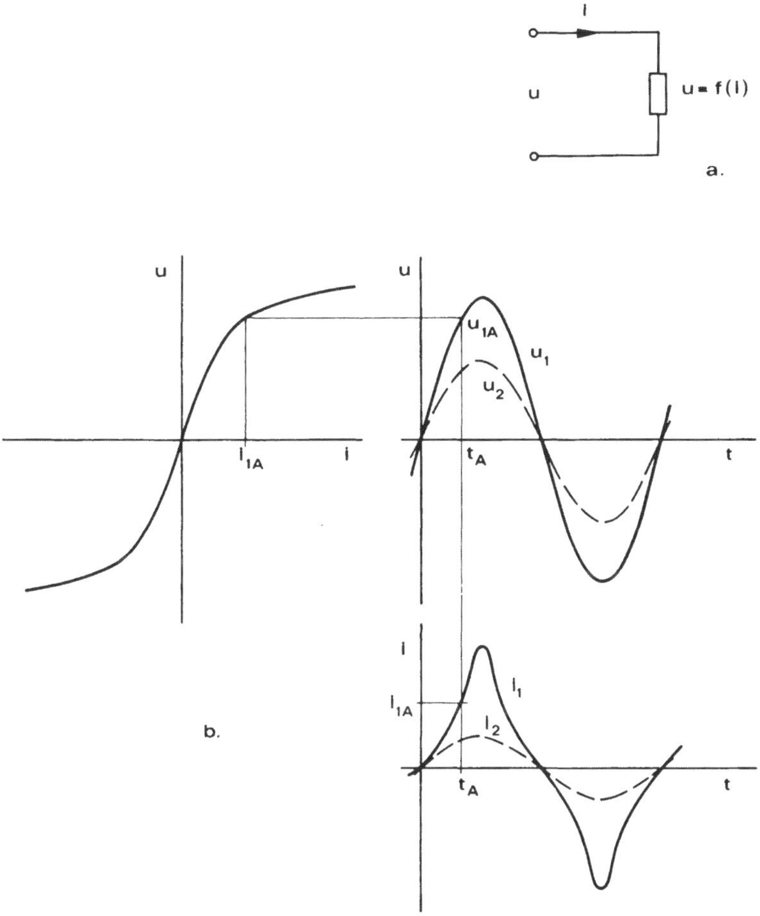

Bild 6.11 VDR-Widerstand an sinusförmiger Wechselspannung
a) Schaltbild
b) Konstruktion des Zeitverlaufs des Stromes

Bei Elementen mit u-i-Kennlinien, die in der Nähe des Nullpunktes nahezu geradlinig verlaufen, ist die Abweichung des Stromes von der Sinusform von der Höhe der angelegten Spannung abhängig. Ist im Beispiel des Bildes 6.11 die Spannung u_2 an den Klemmen des Elementes vorhanden, so ergibt sich der Strom i_2. Dieser Strom hat einen nahezu sinusförmigen Zeitverlauf. Der Grad der Abweichung des Stromes von der Sinusform – allgemein mit **Verzerrung** bezeichnet – ist von der angelegten Spannung – der **Aussteuerung** – abhängig.

Nicht nur die Aussteuerung sondern auch die Form der u-i-Kennlinie bestimmen entscheidend den Verlauf der Größen. Im Bild 6.12 sind nochmals zwei Typen von Kennlinien gegenübergestellt:

Die Kennlinie a) ist symmetrisch

$$u(i) = -u(-i) \tag{6.6}$$

Die Kennlinie b) ist unsymmetrisch.

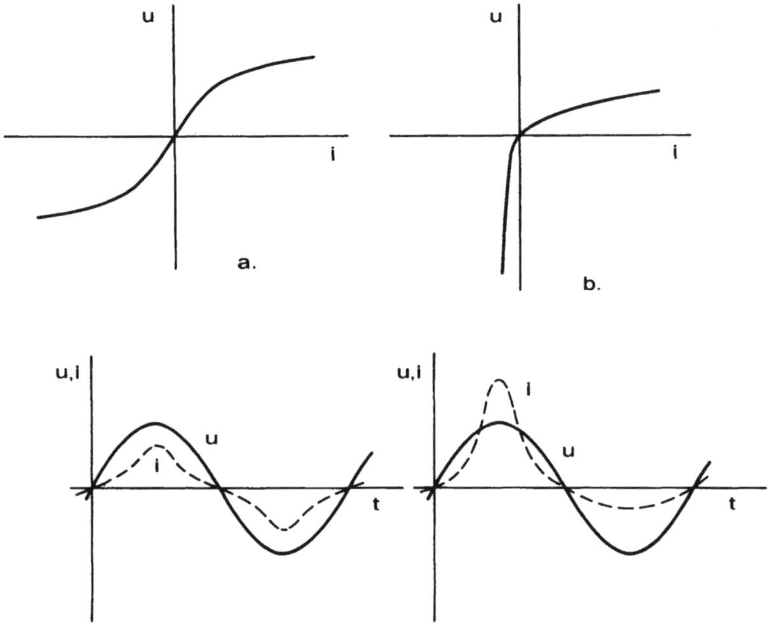

Bild 6.12 Zur Symmetrie von u-i-Kennlinien
a) symmetrische Kennlinie, Stromverlauf bei sinusförmiger Spannung am Element
b) unsymmetrische Kennlinie, Stromverlauf bei sinusförmiger Spannung am Element

Wird als Beispiel eine Spannung mit sinusförmigem Zeitverlauf an das Element gelegt, so ergeben sich die ebenfalls im Bild 6.12 skizzierten Stromverläufe. Der Strom läßt sofort für die beiden Kennlinien Symmetrien erkennen:

Kennlinie a) Der Strom hat in der positiven und negativen Halbperiode denselben Betrag

$$i(t) = -i\left(t + \frac{T}{2}\right) \tag{6.7}$$

Kennlinie b) Die positive und negative Halbperiode des Stromes sind verschieden.

$$i(t) \neq -i\left(t + \frac{T}{2}\right)$$

Darstellung als harmonische Reihe

Periodische Größen, die keinen sinusförmigen Zeitverlauf haben, lassen sich als harmonische Reihe (Fourier-Reihe Abschn. 2.1) darstellen. Die Glieder dieser Reihe sind harmonische Funktionen von Frequenzen, die ein ganzzahliges Vielfaches einer Grundfrequenz sind.

$$u(t) = \sum_{n=0}^{\infty} u_n(t) \qquad \text{mit } u_n(t) = \hat{u}_n \cdot \sin(n\,\omega t - \phi_{un}) \quad (n = 0, 1, 2, 3, \ldots) \tag{6.8}$$

In der Reihenentwicklung nach Gleichung (6.8) ist auch das Glied n = 0 enthalten.

$$u_0 = \hat{u}_0 \cdot \sin(-\phi_{u0})$$

Dieses Glied stellt einen nicht-zeitveränderlichen Anteil – Gleichanteil – dar.

Das Glied mit n = 1 wird als **erste Harmonische** oder **Grundschwingung** bezeichnet. Die weiteren Glieder, die höheren Harmonischen, heißen auch **Oberschwingungen.**

Die Zahl n in dieser Reihenentwicklung wird auch **Ordnungszahl** der Harmonischen genannt.

Die Aufgabe, zu einem vorliegenden Zeitverlauf u (t) die Bestimmungsgrößen der Harmonischen Reihe $\hat{u}_n$ und ϕ_{un} zu bestimmen, wird mit der **harmonischen Analyse** gelöst. Mit Hilfe der Additionstheoreme kann die Reihe in (6.8) auch geschrieben werden:

$$u(t) = a_0 + \sum_{n=1}^{\infty} a_n \cdot \cos n\,\omega t + \sum_{n=1}^{\infty} b_n \cdot \sin n\,\omega t \tag{6.9}$$

Die Koeffizienten dieser Reihenentwicklung sind dann wie folgt zu ermitteln:

$$a_0 = \frac{1}{2\pi} \int_0^{2\pi} u(\omega t)\, d\omega t$$

$$a_n = \frac{1}{\pi} \int_0^{2\pi} u(\omega t) \cdot \cos(n\omega t)\, d\omega t \tag{6.10}$$

$$b_n = \frac{1}{\pi} \int_0^{2\pi} u(\omega t) \cdot \sin(n\omega t)\, d\omega t$$

Für die Umrechnung der Reihe von der Form (6.9) in (6.8) gelten die Beziehungen:

$$\hat{u}_n = \sqrt{a_n^2 + b_n^2} \quad ; \qquad \tan \phi_{un} = -\frac{a_n}{b_n} \tag{6.11}$$

Von praktischer Bedeutung sind Symmetrieverhältnisse bei den Zeitverläufen. In der Reihenentwicklung fallen beim symmetrischen Zeitverlauf verschiedene Glieder weg. Die Berechnung der a_n und b_n nach Gleichung (6.10) vereinfacht sich durch die Verkleinerung des Integrationsbereiches:

a) u (t) ist eine **gerade Funktion,** $u(\omega t) = u(-\omega t)$ (Bild 6.13a)

$$a_n = \frac{2}{\pi} \int_0^{\pi} u(\omega t) \cos(n\omega t)\, d\omega t; \quad (n = 1, 2, 3 \ldots) \tag{6.12}$$

$$a_0 = \frac{1}{\pi} \int_0^{\pi} u(\omega t)\, d\omega t$$

$$b_n = 0$$

b) u (t) ist eine **ungerade Funktion,** $u(\omega t) = -u(-\omega t)$ (Bild 6.13b)

$$a_0 = 0; \quad a_n = 0 \tag{6.13}$$

$$b_n = \frac{2}{\pi} \int_0^{\pi} u(\omega t) \sin(n\omega t)\, d\omega t); \quad (n = 1, 2, 3 \ldots)$$

c) Bei u (t) sind die Beträge der positiven und negativen Halbperiode gleich, $u(\omega t) = -u(\omega t + \pi)$ (Bild 6.13c)

$$a_0 = 0$$

$$a_{2n+1} = \frac{2}{\pi} \int_0^{\pi} u(\omega t) \cos[(2n+1)\,\omega t]\, d\omega t; \quad (n = 0, 1, 2 \ldots) \tag{6.14}$$

$$b_{2n+1} = \frac{2}{\pi} \int_0^{\pi} u(\omega t) \sin[(2n+1)\,\omega t]\, d\omega t$$

$$a_{2n} = 0; \quad b_{2n} = 0$$

d) u (t) ist eine gerade Funktion und es ist außerdem $u(\omega t) = -u(\omega t + \pi)$ (Bild 6.13d)

$$a_{2n+1} = \frac{4}{\pi} \int_0^{\frac{\pi}{2}} u(\omega t) \cos[(2n+1)\,\omega t]\, d\omega t; \quad (n = 0, 1, 2 \ldots)$$

$$b_n = a_{2n} = 0$$

e) u (t) ist eine ungerade Funktion und es ist außerdem $u(\omega t) = -u(\omega t + \pi)$ (Bild 6.13e)

$$b_{2n+1} = \frac{4}{\pi} \int_0^{\frac{\pi}{2}} u(\omega t) \sin[(2n+1)\omega t]\, d\omega t; \quad (n = 0, 1, 2 \ldots) \quad (6.16)$$

$$a_n = b_{2n} = 0$$

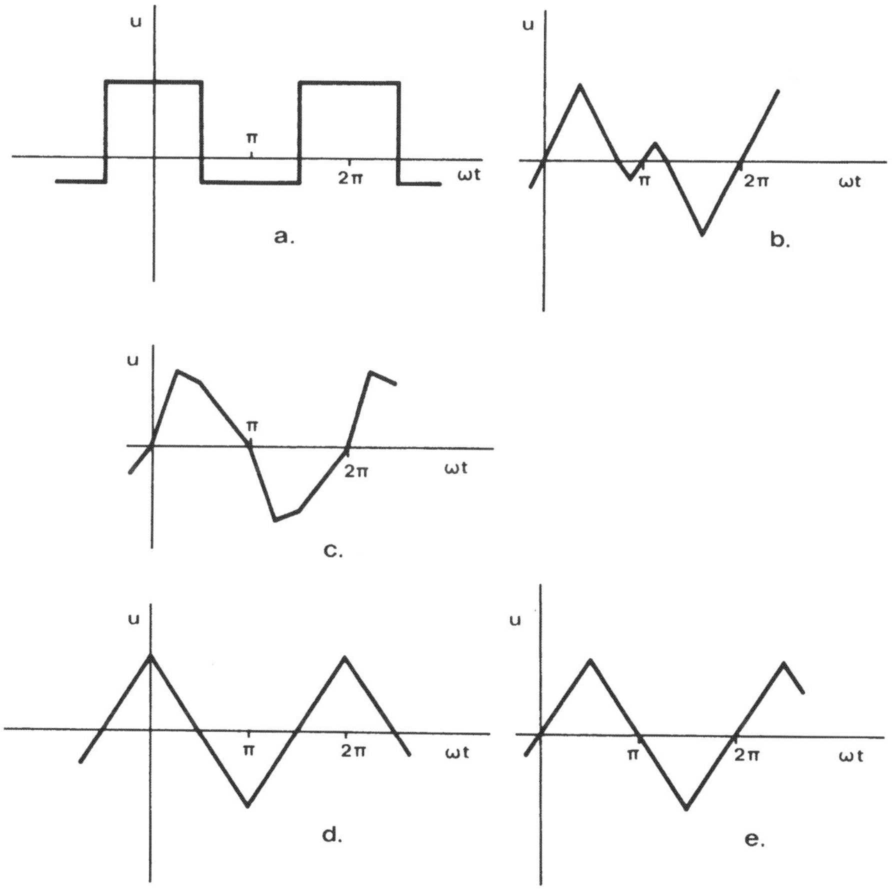

Bild 6.13 Zur Darstellung symmetrischer Zeitfunktionen in einer harmonischen Reihe

Es sei angemerkt, daß alle angegebenen Beziehungen nicht nur für periodische Zeitfunktionen gelten, sondern allgemein für periodische Funktionen.

6.4 Effektivwert und Leistung bei nicht-sinusförmigen Größen

Für den Effektivwert verzerrter Größen ergibt die Definition des Effektivwertes (Gleichung 2.11) und die Berücksichtigung der Reihenentwicklung (6.8) für das Beispiel eines Stromes:

$$I = \sqrt{\frac{1}{T} \int_0^T i^2(t)\,dt} = \sqrt{\sum_{n=0}^{\infty} I_n^2} \qquad (6.17)$$

mit $I_n = \frac{1}{\sqrt{2}} \cdot \hat{i}_n$

Wird die Leistung an einem Element berechnet, dessen Strom und Spannung durch die Gleichungen (6.8) beschrieben werden, so ergibt sich für die Wirkleistung aus Gleichung (2.13):

$$P = \frac{1}{T} \int_0^T p\,(t)\,dt = \frac{1}{T} \int_0^T u\,(t) \cdot i\,(t)\,dt \qquad (6.18)$$

Wird die Entwicklung von Spannung und Strom in harmonischen Reihen berücksichtigt, so treten in (6.18) Integrale vom Typ

$$\int_0^{2\pi} \sin mx \cdot \sin nx\,dx$$

auf. Diese haben den Wert Null, wenn $m \neq n$. Sie liefern einen von Null verschiedenen Wert für den Fall, daß $m = n$ ist.

Damit ergibt sich für die Wirkleistung bei verzerrten Größen für u (t) und i (t):

$$P = \sum_{n=0}^{\infty} U_n \cdot I_n \cdot \cos \phi_n \qquad (6.19)$$

Hieraus ist zu erkennen, daß nur gleichnamige Harmonische in Spannung und Strom einen Betrag zur Wirkleistung liefern.

Auch für verzerrte Größen ist das Produkt der Effektivwerte als Scheinleistung S definiert.

$$S = U \cdot I \qquad (6.20)$$

Ebenso ist das Verhältnis Wirkleistung zu Scheinleistung ein Leistungsfaktor.

$$\lambda = \frac{P}{S} \qquad (6.21)$$

Im Fall des sinusförmigen Zeitverlaufs von Spannung und Strom ist der Leistungsfaktor identisch mit dem Kosinus des Phasenwinkels. Bei nicht-sinusförmigem Zeitverlauf besteht ein solcher Zusammenhang nicht.

Zur Bestimmung des Grades der Verzerrung werden der **Grundschwingungsgehalt** g und der **Klirrfaktor** k definiert:

$$g = \frac{I_1}{I} = \frac{\text{Effektivwert der Grundschwingung}}{\text{Gesamt-Effektivwert}} \tag{6.22}$$

Der Klirrfaktor k wird im allgemeinen nur für Wechselgrößen definiert:

$$k = \frac{\sqrt{\sum\limits_{n=2}^{\infty} I_n^2}}{I} = \frac{\text{Effektivwert aller Oberschwingungen}}{\text{Gesamt-Effektivwert}} \tag{6.23}$$

Eine weitere Möglichkeit, den Grad der Verzerrung zu bestimmen, ist die Definition der **Verzerrungsleistung** Q_{ver}.

In Analogie zu (6.19) wird die Blindleistung bei verzerrten Größen u (t) und i (t) definiert:

$$Q = \sum_{n=1}^{\infty} U_n \cdot I_n \cdot \sin \phi_n \tag{6.24}$$

Diese Blindleistung beruht auf der Phasenverschiebung zwischen Strom und Spannung bei den einzelnen Harmonischen.

Die Verzerrungsleistung Q_{ver} ergibt sich aus dem Anteil der Scheinleistung, der aus den Produkten ungleichnamiger Harmonischer hervorgeht. Sie ist definiert:

$$Q_{ver} = \sqrt{S^2 - (P^2 + Q^2)} \tag{6.25}$$

Beispiel

An einem Element, dessen Spannung sinusförmig ist, dessen Strom jedoch stark verzerrt ist, sei die Berechnung der Wirkleistung dargestellt (Bild 6.14).

$$u(t) = \sqrt{2} \cdot U \sin \omega t; \qquad i(t) = \sum_{1}^{\infty} i_n(t)$$

$$i_1(t) = \sqrt{2} \cdot I_1 \sin(\omega t - \phi_1)$$

Die Wirkleistung, die in dem Element umgesetzt wird, ist nach Gleichung (6.19):

$$P = U \cdot I_1 \cos \phi_1$$

Die Scheinleistung ist aus den Effektivwerten U und I zu berechnen:

$$S = U \cdot I \quad \text{mit } I = \sqrt{\sum_{1}^{\infty} I_n^2}$$

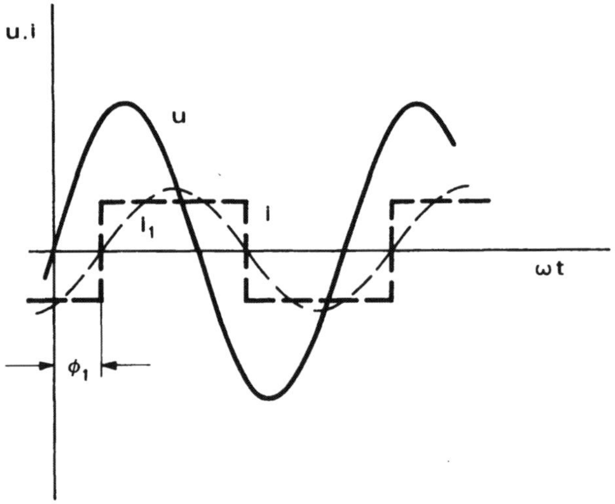

Bild 6.14 Zur Leistungsberechnung bei nicht-sinusförmigen Größen

Der Leistungsfaktor ergibt sich dann:

$$\lambda = \frac{P}{S} = \frac{I_1}{I} \cos \phi_1 = g \cdot \cos \phi_1$$

Die Beziehung für den Leistungsfaktor zeigt auch hier, daß bei verzerrten Größen λ kleiner ist, als der Kosinus des Verschiebungswinkels der Grundschwingung.

In der Gleichung für die Scheinleistung kann geschrieben werden:

$$S = U \cdot \sqrt{I_1^2 + I_2^2 + I_3^2 + \ldots}$$

$$S = U \cdot \sqrt{(I_1 \cos \phi_1)^2 + (I_1 \sin \phi_1)^2 + I_2^2 + I_3^2 + \ldots}$$

$$S = \sqrt{P_1^2 + Q_1^2 + Q_{ver}^2}$$

$P_1 = U \cdot I_1 \cos \phi_1$	Wirkleistung der Grundschwingung (im vorliegenden einfachen Beispiel identisch mit der Wirkleistung)
$Q_1 = U \cdot I_1 \sin \phi_1$	Blindleistung der Grundschwingung
$Q_{ver} = U \cdot \sqrt{I_2^2 + I_3^2 + \ldots}$	Verzerrungsleistung

6.5 Aufgaben zum Abschnitt 6

Aufgabe 6.51

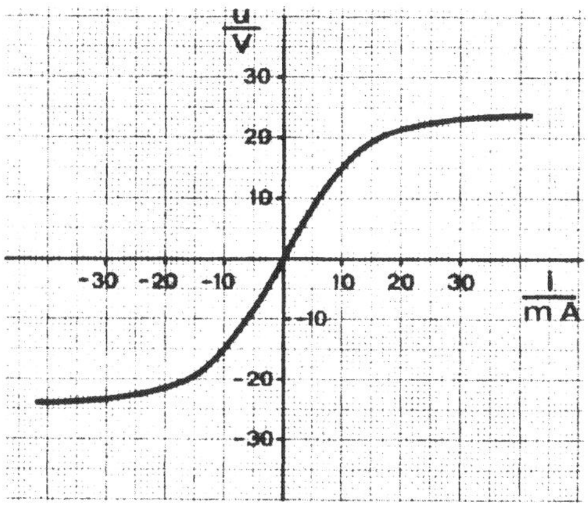

Das Element mit der gegebenen Kennlinie wird an einer Spannung mit sinusförmigem Zeitverlauf, Effektivwert 17 V, betrieben. Der Zeitverlauf des Stromes ist zu ermitteln.
Wie groß ist der Scheitelwert?

Aufgabe 6.52

Das Element mit der in der Aufgabe 6.51 gegebenen Kennlinie wird von einem Strom mit sinusförmigem Zeitverlauf, Effektivwert 23 mA, durchflossen. Der Zeitverlauf der Spannung am Element ist zu ermitteln.

Aufgabe 6.53

Ein Element mit der dargestellten, nicht-linearen Kennlinie wird über einen Vorwiderstand $R_V = 100\ \Omega$ an einer sinusförmigen Spannung (Effektivwert $U = 15$ V) betrieben.

Es ist die Kennlinie der Reihenschaltung maßstäblich zu konstruieren. Es ist der Zeitverlauf des Stromes i (t) zu zeichnen. Der Scheitelwert des Stromes ist zu berechnen.

Aufgabe 6.54

Das Bild stellt die Schaltung eines Begrenzers dar, weil die Ausgangsspannung nicht proportional mit der Eingangsspannung steigt. u_1 hat sinusförmigen Zeitverlauf mit $U_1 = 1$ V, $R_V = 100\ \Omega$.

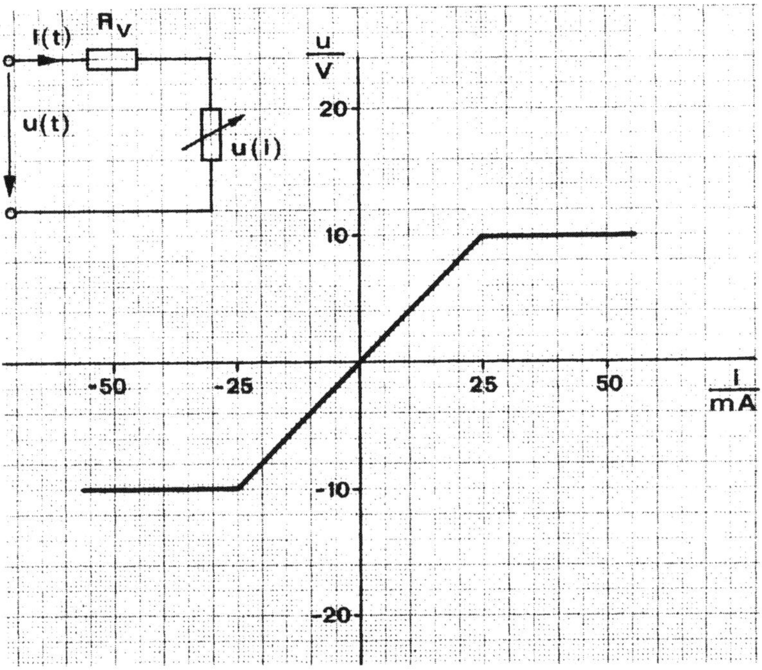

zu Aufgabe 6.53

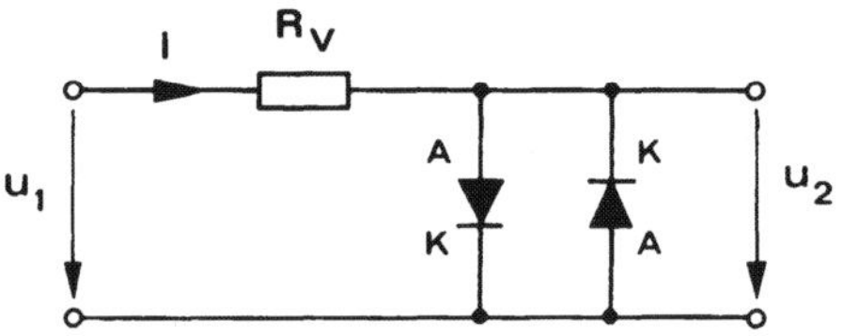

zu Aufgabe 6.54

Die Eigenschaften einer Diode in dieser Begrenzerschaltung werden wie folgt angenähert beschrieben:

$$R_{AK} = 10\,\Omega \quad \text{für} \quad u_{AK} > 0{,}6\text{ V}$$

$$R_{AK} = \infty \quad \text{für} \quad u_{AK} \leqslant 0{,}6\text{ V}$$

Wie groß sind die Scheitelwerte $\hat{u}_2$ und $\hat{\imath}$? Die Zeitverläufe u_2 (t) und i (t) sind zu zeichnen. Wie groß ist $\hat{u}_2$, wenn die Eingangsspannung U_1 = 5 V beträgt?

Aufgabe 6.55

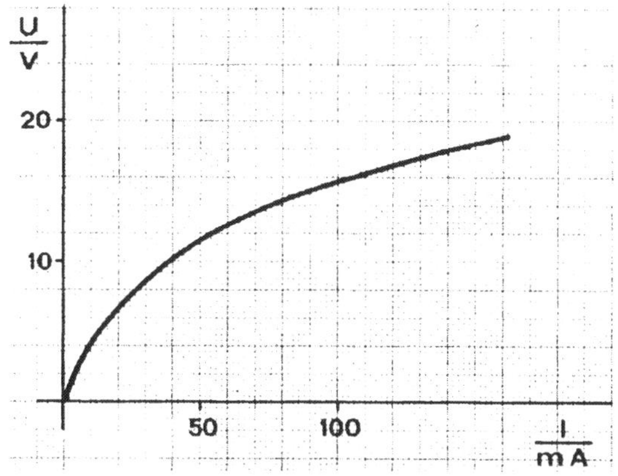

Der VDR-Widerstand mit der dargestellten Kennlinie hat eine maximale Verlustleistung von 1 W. Er wird über einen Vorwiderstand von 150 Ω an eine Gleichspannungsquelle angeschlossen.

Welche Spannung darf die Spannungsquelle maximal haben, wenn die maximale Verlustleistung nicht überschritten werden darf?

Aufgabe 6.56

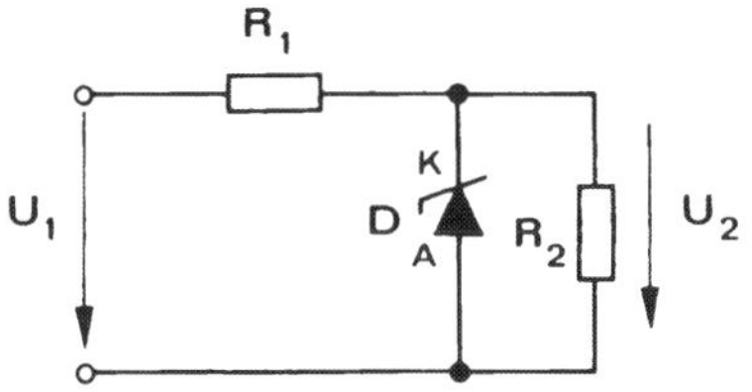

Das Bild stellt eine Stabilisierungsschaltung mit einer besonderen Diode – Zenerdiode – dar.

Die Eingangsspannung U_1 in der skizzierten Schaltung hat einen Betrag, der um einen Mittelwert schwankt. Die Änderung der Ausgangsspannung um ihren Mittelwert ist geringer. Die Ausgangsspannung ist „stabilisiert".

Um wieviel Prozent ändert sich die Ausgangsspannung U_2 bei einer Änderung der Eingangsspannung U_1 von ± 10%?
Es ist die Abhängigkeit $U_2 = f(U_1)$ für $U_1 > 0$ zu zeichnen.

Kennlinie von D: $U_{KA} \leqslant 8{,}2\,V$: $I = 0$

$U_{KA} > 8{,}2\,V$: $\frac{dI}{dU} = 0{,}2\,S$

$U_1 = 20\,V \quad R_1 = 120\,\Omega, \quad R_2 = 160\,\Omega$

Welchen Wert darf U_1 nicht überschreiten, wenn die für die Zenerdiode maximal zulässige Verlustleistung 1 W beträgt?

Aufgabe 6.57

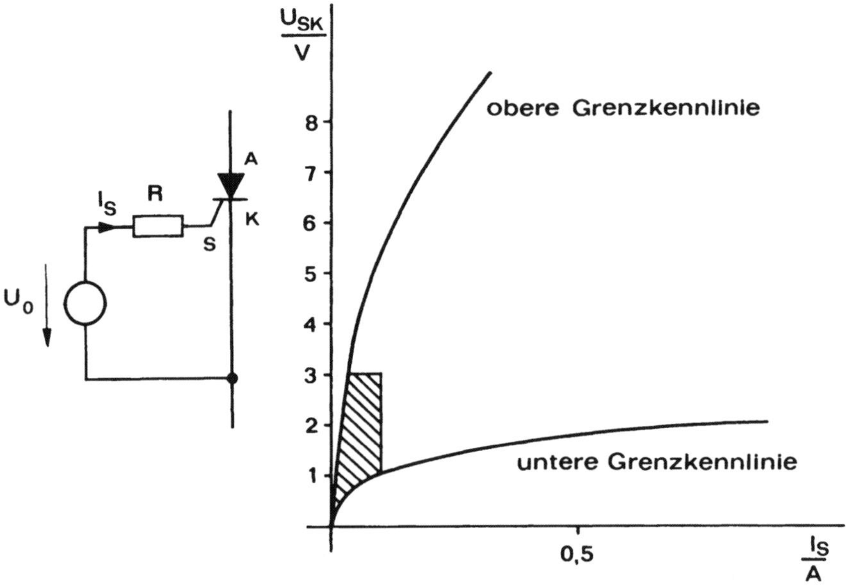

Die U-I-Kennlinie eines Halbleiterelementes (Steuerelektroden-Kathodenstrecke (SK) eines Thyristors) hat einen durch die Fertigung bedingten Streubereich. Dieser ist gekennzeichnet durch eine obere und eine untere Grenzkennlinie. Innerhalb dieses Bereiches liegt ferner ein Gebiet (schraffiert), bei dem die jeweiligen U-I-Werte nicht unter allen Umständen zur Durchsteuerung ausreichen.

Der Thyristor soll aus einer konstanten Spannungsquelle $U_0 = 5\,V \pm 10\%$ über einen Vorwiderstand R durchgeschaltet werden. Welche Grenzwerte darf R nicht über- bzw. unterschreiten, wenn einerseits die maximal zulässige Verlustleistung der Strecke SK von P = 1 W in keinem Fall überschritten werden darf, andererseits aber eine sichere Durchsteuerung gewährleistet werden muß?

Lösungen der Aufgaben zum Abschnitt 6

Aufgabe 6.51

Die Lösung erfolgt entsprechend dem im Abschn. 6.3 gegebenen Beispiel.

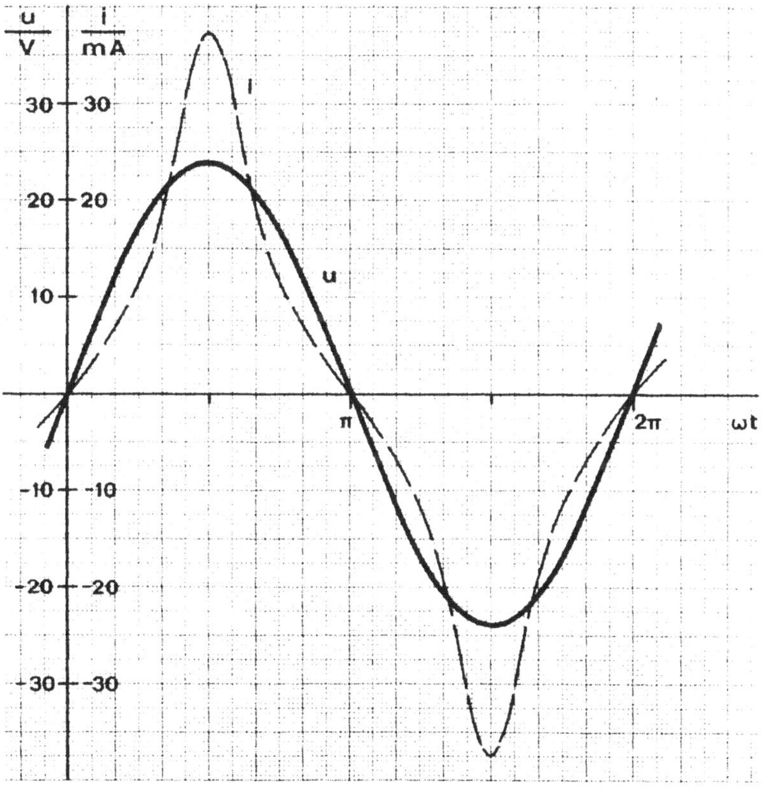

$\hat{\imath} = 37$ mA

Aufgabe 6.52

Auch hierbei ist der Zeitverlauf der Spannung punktweise mit Hilfe der Kennlinie in Analogie zum Beispiel des Abschn. 6.3 zu ermitteln.

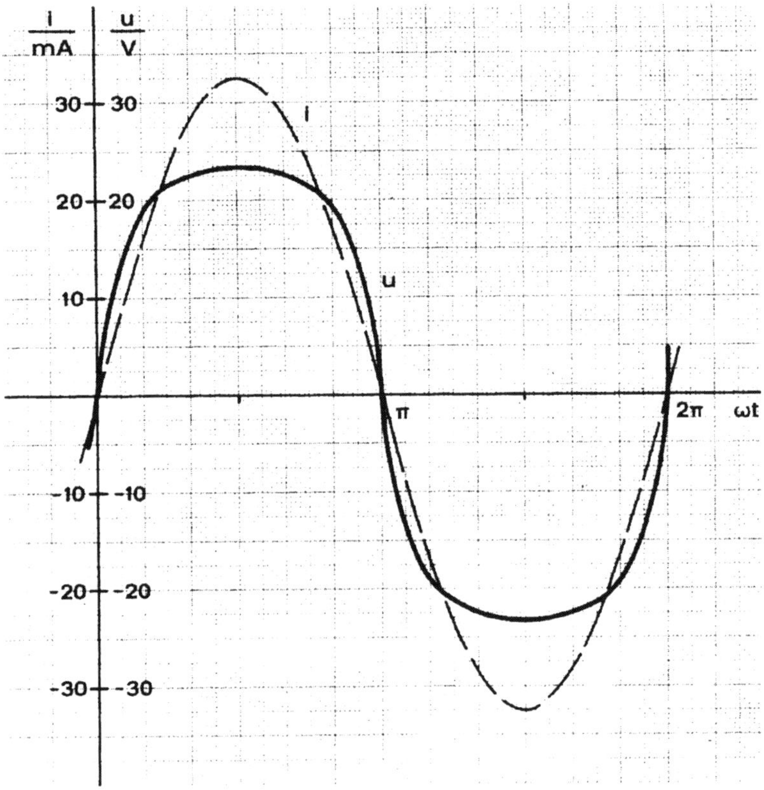

Aufgabe 6.53

Der Vorwiderstand R_V und das nicht-lineare Element mit der Kennlinie u (i) sind in Reihe geschaltet. Sie werden von demselben Strom durchflossen. Die Gesamtspannung ergibt sich aus der Summe der Teilspannungen. Damit kann die Kennlinie der Reihenschaltung ermittelt werden, indem die Kennlinien des nicht-linearen Elementes u (i) und die des Vorwiderstandes R_V (Kurve a) addiert werden. Die Kennlinie der Reihenschaltung ist in Kurve c dargestellt.

Da an der Reihenschaltung eine Spannung mit sinusförmigem Zeitverlauf liegt, kann der Zeitverlauf des Stromes i (t) wie in Aufgabe 6.51 gezeichnet werden.

Wegen der Symmetrie der Kennlinie sind auch bei diesem Beispiel die Beträge des Stromes in der positiven und negativen Halbperiode gleich. Es wurde nur die positive Halbperiode gezeichnet.

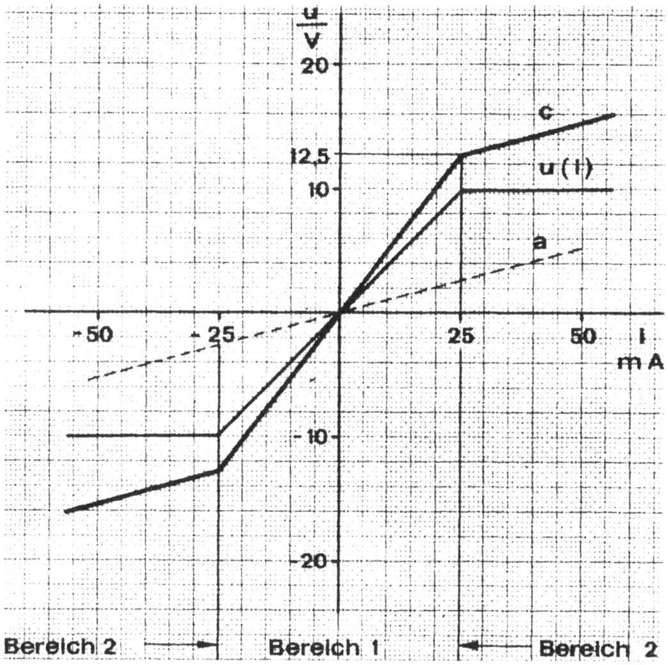

Da die Kennlinie der Reihenschaltung sich aus ganz einfachen Funktionen zusammensetzt, kann der Strom i (t) auch berechnet werden. Für diesen Zweck werden die Eigenschaften der Reihenschaltung vorteilhaft durch den Widerstand beschrieben. Die bereichsweise konstante Steigung im u-i-Diagramm zeigt an, daß in den einzelnen Bereichen der Widerstand konstant ist:

Bereich 1: $|u(t)| \leqslant 12{,}5$ V $\quad R_{ges} = 500\ \Omega$

Bereich 2: $|u(t)| \geqslant 12{,}5$ V $\quad R_{ges} = 100\ \Omega$

Berechnung des Stromes im Bereich 1:

$$i_1(t) = \frac{u(t)}{R_{ges}} \qquad \text{mit } u(t) = \hat{u} \sin \omega t, \quad \hat{u} = 21{,}2 \text{ V}$$

$$\hat{i}_1 = 42{,}4 \text{ mA}$$

Der Strom im Bereich 1 ist sinusförmig.

An der Bereichsgrenze – Spannung $u_B = 12{,}5$ V – beträgt der Strom $i_B = 25$ mA.

Berechnung des Stromes im Bereich 2:

In diesem Bereich ist jetzt $R_{ges} = 100\ \Omega$. Der Gesamtwiderstand ändert sich an der Bereichsgrenze sprungartig.

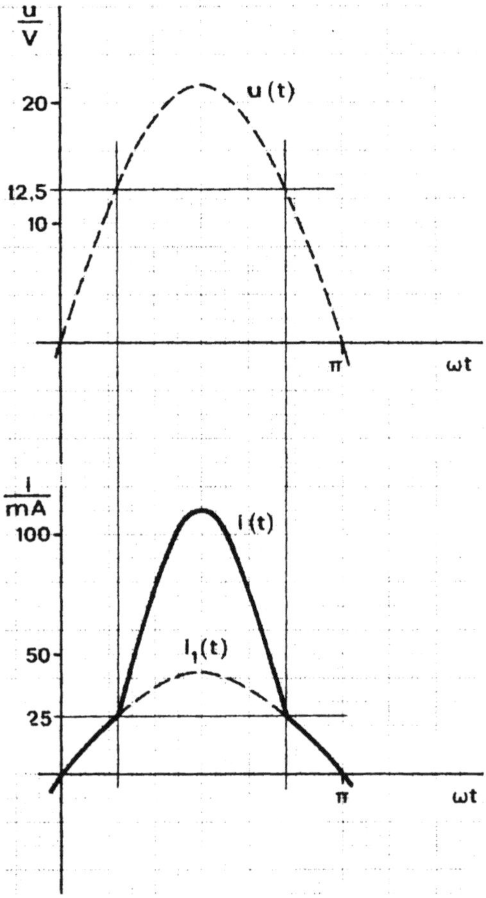

In dem Bereich $|u\,(t)| \geqslant 12{,}5$ V gilt für den Strom:

$$i_2\,(t) = \frac{1}{R_{ges}}\,(u\,(t) - 12{,}5\ \mathrm{V}) + 25\ \mathrm{mA}$$

$$\text{mit } u\,(t) = \hat{u}\sin\omega t; \quad \hat{u} = 21{,}2\ \mathrm{V}$$

$$\hat{i}_2 = \frac{1}{100\ \Omega}\,(21{,}2\ \mathrm{V} - 12{,}5\ \mathrm{V}) + 25\ \mathrm{mA} = 112\ \mathrm{mA}$$

Der Strom in der ganzen Periode ist entsprechend der nicht-linearen Kennlinie der Reihenschaltung nicht von Sinusform.

Aufgabe 6.54

Da die zwei Dioden entgegengesetzt parallelgeschaltet sind, hat die Zusammenschaltung eine symmetrische Kennlinie. Es wird nur die positive Halbperiode berechnet. Die negative ergibt sich daraus.

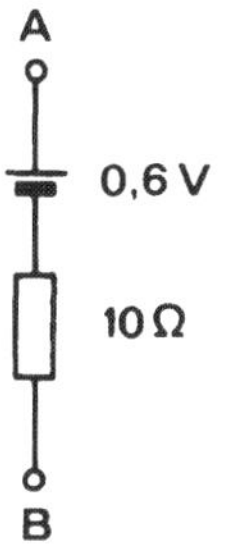

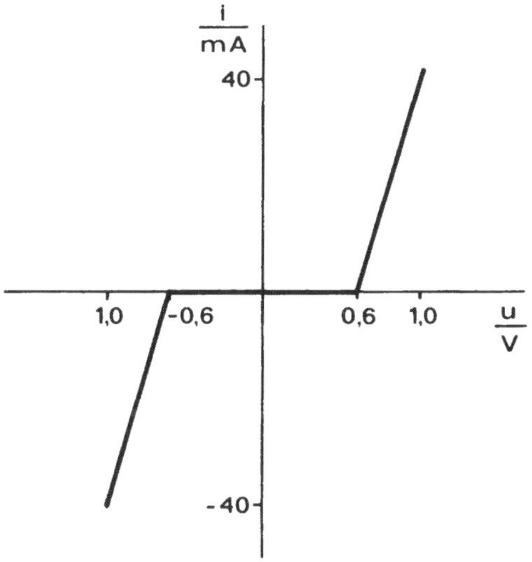

Bereich $u_1(t) \leqslant 0{,}6$ V:

In diesem Bereich ist der Strom $i = 0$ und $u_2(t) = u_1(t)$

Bereich $u_1(t) > 0{,}6$ V:

In diesem Bereich ist $i \neq 0$. Die Diode kann ersetzt werden durch das angegebene Ersatzbild. Der Widerstand des Kreises beträgt $R_V + R_{AK}$.

Die treibende Spannung: $u_1(t) - 0{,}6$ V

Damit hat der Strom folgenden Zeitverlauf:

$$i(t) = \frac{u_1(t) - 0{,}6\ \text{V}}{110\ \Omega}$$

Die Spannung u_2:

$$u_2(t) = 0{,}6\ \text{V} + i \cdot R_{AK}$$

$$u_2(t) = 0{,}6\ \text{V} + (u_1(t) - 0{,}6\ \text{V})\,\frac{R_{AK}}{R_V + R_{AK}}$$

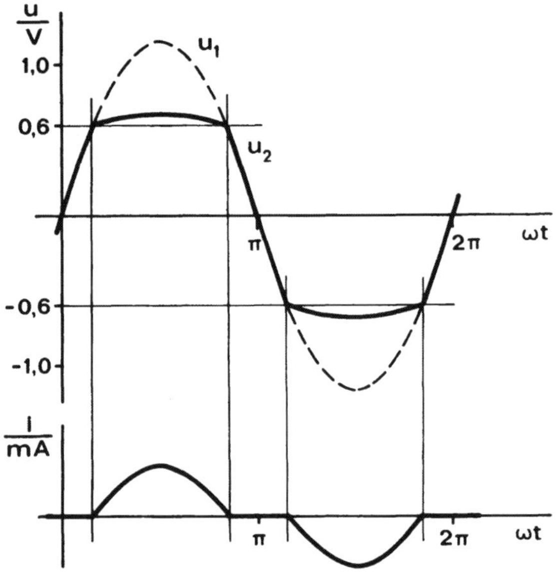

Berechnung von $\hat{u}_2$ und $\hat{\imath}$:

Es ist

$$\hat{u}_1 = 1{,}41\ \text{V} \qquad \hat{u}_2 = 0{,}6\ \text{V} + 0{,}81\ \text{V}\,\frac{10\ \Omega}{110\ \Omega} = 0{,}67\ \text{V}$$

$$\hat{\imath} = \frac{1{,}41\ \text{V} - 0{,}6\ \text{V}}{110\ \Omega} = 7{,}4\ \text{mA}$$

Vergrößerung der Eingangsspannung auf $U_1 = 5$ V, $\hat{u}_1 = 7{,}07$ V:

$$\hat{u}_2 = 0{,}6\ \text{V} + (7{,}07\ \text{V} - 0{,}6\ \text{V})\,\frac{10\ \Omega}{110\ \Omega}$$

$$\hat{u}_2 = 1{,}19\ \text{V}$$

Aufgabe 6.55

In das Diagramm mit der Kennlinie u (i) wird die Grenzleistungshyperbel $P_{max} = 1$ W eingezeichnet (Kurve a). Der Schnittpunkt beider Kurven (Punkt A) ist der zu wählende Arbeitspunkt.

Die Kurve b ist eine Spannungsquellen-Kennlinie mit einer Steigung, die einem $R_i = 150\ \Omega$ entspricht. Die für den Arbeitspunkt A benötigte Kennlinie ist die Parallele zu b im Punkt A. Das ist die Gerade c.

Die Spannung der Quelle darf 24,7 V nicht überschreiten.

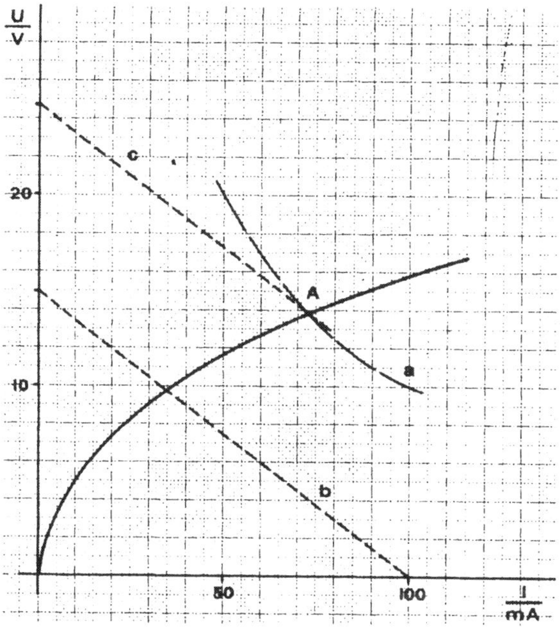

Dieses Ergebnis kann auch leicht berechnet werden. Die Daten des Arbeitspunktes A sind:

$$U_A = 13{,}8\ \text{V}; \quad I_A = 72{,}5\ \text{mA}$$

Die Spannung am Vorwiderstand ist 150 Ω · 72,5 mA = 10,9 V

$$U_{0\,max} = 13{,}8\ \text{V} + 10{,}9\ \text{V} = 24{,}7\ \text{V}$$

Aufgabe 6.56

Das nicht-lineare Element D (Zenerdiode) mit der angegebenen Kennlinie kann für eine Spannung $U_{KA} > U_D$ durch eine Elementekombination ersetzt werden. Diese besteht aus der Reihenschaltung einer konstanten Spannung U_D und eines konstanten Widerstandes R_D. Damit läßt sich die Stabilisierungsschaltung für $U_2 > U_D$ darstellen:

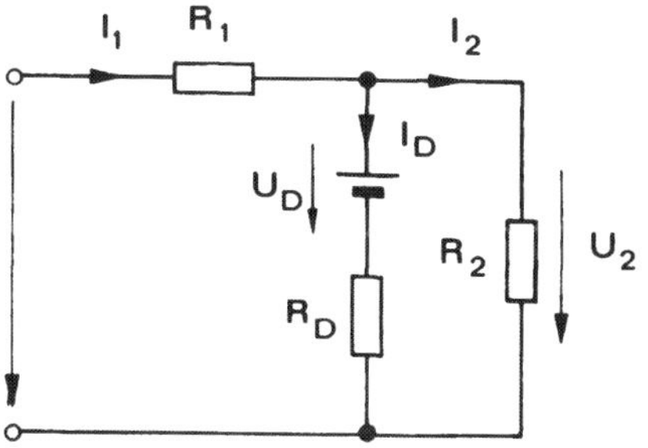

$$U_D = 8{,}2\ \text{V}; \qquad R_D = 5\ \Omega$$

Die Spannung U_2 wird mit Hilfe einer Ersatzspannungsquelle berechnet:

$$U_0 = U_D + \frac{R_D}{R_1 + R_D}(U_1 - U_D) = \frac{U_D R_1 + U_1 R_D}{R_1 + R_D}$$

$$R_i = \frac{R_1 R_D}{R_1 + R_D}$$

$$U_2 = U_D \frac{R_2}{R_i + R_2} = (U_1 + U_D \frac{R_1}{R_D}) \frac{1}{1 + \frac{R_1}{R_2} + \frac{R_1}{R_D}}$$

Bei der mittleren Eingangsspannung $U_1 = 20$ V ist die mittlere Ausgangsspannung $U_2 = 8{,}42$ V.
Wird zur Abkürzung $K = 1 + \frac{R_1}{R_2} + \frac{R_1}{R_D}$ eingeführt, so läßt sich schreiben:

$$U_2 = (U_1 + U_D \frac{R_1}{R_D}) \frac{1}{K}$$

Die Eingangsspannung ändert sich um ΔU_1 und die Ausgangsspannung um ΔU_2.

$$U_2 + \Delta U_2 = (U_1 + \Delta U_1 + U_D \frac{R_1}{R_D}) \frac{1}{K}$$

$$\frac{\Delta U_2}{U_2} = \frac{\Delta U_1}{U_1} \cdot \frac{U_1}{U_2} \cdot \frac{1}{K}$$

$\frac{\Delta U_1}{U_1}$ ist mit $\pm 0{,}1$ gegeben. Somit ergibt sich

$$\frac{\Delta U_2}{U_2} = \pm 0{,}0092$$

Bei der Änderung der Eingangsspannung um ± 10% ändert sich die Ausgangsspannung nur um ± 0,92%.

Für die Abhängigkeit $U_2 = f(U_1)$ ist zu beachten, daß für $U_2 \leqslant 8{,}2$ V der Strom $I_D = 0$ ist.

Dann ergibt sich

$$U_2 = U_1 \frac{R_2}{R_1 + R_2}$$

Für $U_2 > 8{,}2$ V gilt:

$$U_2 = (U_1 + U_D \frac{R_1}{R_D}) \frac{1}{K}$$

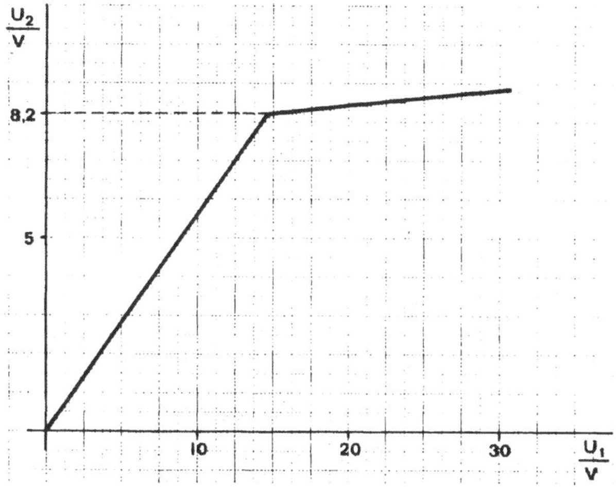

Die Leistung im Element D soll P_{max} = 1 W nicht überschreiten:

$$I_D \cdot U_2 \leqslant P_{max}$$

Diese Beziehung ergibt $U_1 \leqslant 29$ V.

Dieser Wert und der Knickpunkt im Verlauf $U_2 = f(U_1)$ zeigen, in welchen Grenzen sich U_1 ändern darf.

Aufgabe 6.57

In das Kennlinienbild wird zunächst die Grenzleistungshyperbel P_{max} = 1 W eingezeichnet (Kurve a).

Die größte Leistung wird in der Strecke SK umgesetzt, wenn die Quellenspannung den Wert $U_{0\,max}$ = 5 V + 10% hat und der kleinste zulässige Vorwiderstand R_{min} eingeschaltet ist. Die durch diese Daten gegebene Quellenkennlinie darf die Grenzleistungshyperbel nur berühren. Damit ist die Kurve b festgelegt.

Der Berührungspunkt der Kurven a und b hat die Koordinaten $\frac{1}{2} U_{0\,max}$ und $\frac{1}{2} I_{K\,max}$.

$$\frac{1}{2} U_{0\,max} = \frac{1}{2} \cdot 5{,}5\ \text{V} = 2{,}75\ \text{V}$$

$$\frac{1}{2} I_{k\,max} = \frac{1\ \text{W}}{2{,}75\ \text{V}} = 0{,}365\ \text{A}$$

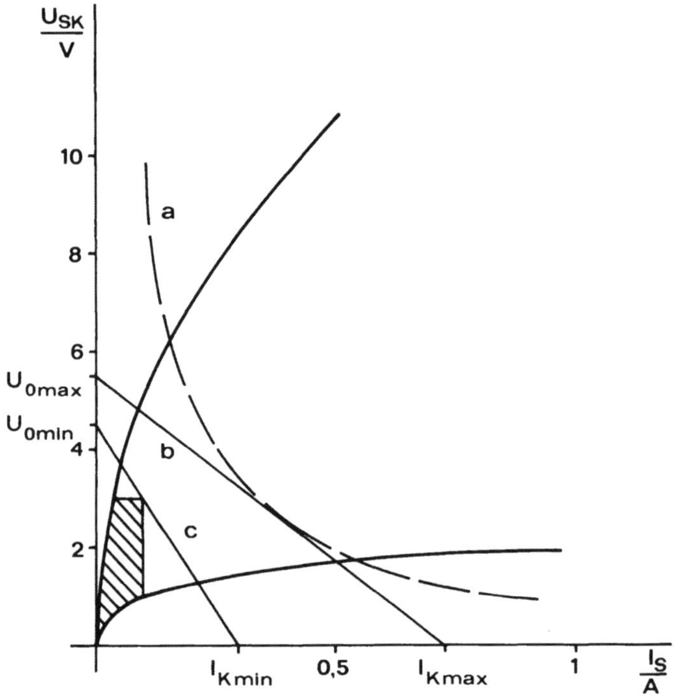

Die Arbeitsgerade, deren Steigung den kleinsten Vorwiderstand R_{min} bestimmt, ist festgelegt durch:

$$U_{0\,max} = 5{,}5\ \text{V}; \quad I_{K\,max} = 0{,}73\ \text{A}$$

$$R_{min} = \frac{5{,}5\ \text{V}}{0{,}73\ \text{A}} = 7{,}55\ \Omega$$

Die Gefahr, daß der Thyristor nicht durchsteuert, ist am größten für die Quellenspannung $U_{0\,min} = 5\ \text{V} - 10\%$ und den größten Wert des Vorwiderstandes R_{max}. Die Quellenkennlinie für den Widerstand R_{max} ist durch den Wert U_0 min und den Eckpunkt des schraffierten Gebietes festgelegt (Kurve c). Sie hat die Daten:

$$U_{0\,min} = 4{,}5\ \text{V}; \quad I_{K\,min} = 0{,}3\ \text{A}$$

$$R_{max} = \frac{4{,}5\ \text{V}}{0{,}3\ \text{A}} = 15\ \Omega$$

Der Vorwiderstand darf also 15 Ω nicht über- und 7,55 Ω nicht unterschreiten, um unter den gegebenen Bedingungen ein sicheres Durchsteuern des Thyristors zu gewährleisten.

7. Ausgleichsvorgänge in Netzwerken

In den vorausgegangenen Abschnitten waren elektrische Netzwerke ausschließlich im stationären oder eingeschwungenen Zustand betrachtet worden. Der Übergang von einem stationären Zustand zum anderen wurde bisher nicht untersucht. Dieser Übergang wird mit **Ausgleichsvorgang** bezeichnet. Er wird durch die Änderung einer oder mehrerer Größen des Netzwerks herbeigeführt. Wird diese Änderung plötzlich durchgeführt, liegt ein spezieller Ausgleichsvorgang – **Schaltvorgang** – vor. Das Bild 7.1 zeigt ein typisches Beispiel hierfür.

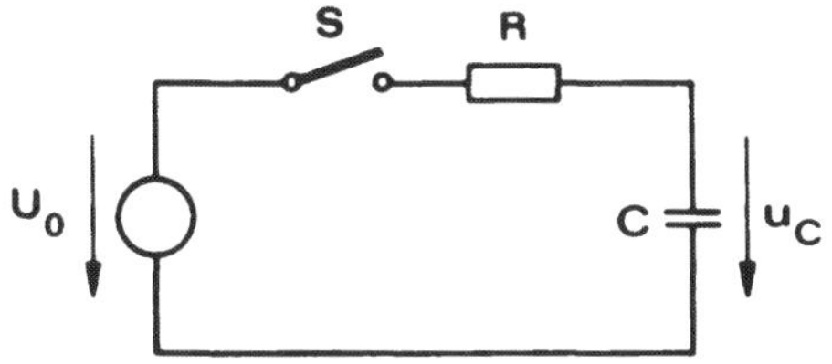

Bild 7.1 Einschalten einer Spannungsquelle (U_0 = konst) auf eine RC-Reihenschaltung

Der Ausgangszustand ist durch den geöffneten Schalter S gekennzeichnet; die Schaltung ist stromlos. Außerdem sei der Kondensator spannungsfrei. Nach dem Schließen des Schalters wird ein Strom fließen und die Spannung am Kondensator ansteigen. Der Stromfluß endet, wenn die Spannung am Kondensator den Wert U_0 hat. Der neue stationäre Zustand ist erreicht.

In diesem Abschnitt wird die Berechnung einfacher Ausgleichsvorgänge behandelt. Es wird also der Zeitverlauf bestimmter Netzwerksgrößen während des Überganges von einem stationären Zustand zum neuen berechnet.

Für einen beliebigen Zeitpunkt liefern die Kirchhoffschen Sätze für das Netzwerk eine Gleichung oder ein System von Gleichungen, in denen die gesuchten Größen enthalten sind.

In diesem System ist die einzige unabhängige Variable die Zeit, und es kommen entsprechend den Gleichungen (2.17) und (2.20) Ableitungen nach der Zeit vor. Das Gleichungssystem ist ein System gewöhnlicher Differentialgleichungen. Setzt sich das Netzwerk aus linearen Elementen zusammen, dann liegt ein System gewöhnlicher Differentialgleichungen mit konstanten Koeffizienten vor. In diesem Abschnitt sollen ausschließlich Netzwerke aus linearen Elementen betrachtet werden.

Die Lösungen dieser Differentialgleichungen liefern das Zeitverhalten der gesuchten Größen während des Ausgleichsvorganges.

7.1 Ausgleichsvorgänge in Netzwerken, die nur Drosselspulen oder nur Kondensatoren enthalten

Der Grad der aus den Kirchhoffschen Sätzen hervorgehenden Differentialgleichungen hängt davon ab, ob lediglich Kondensatoren oder Drosselspulen oder beide Arten von Bauelementen im Netzwerk vorhanden sind. Netzwerke mit nur einer Art von Bauelementen führen zu Differentialgleichungen ersten Grades (s. Abschn. 2, Beziehungen für Spannung und Strom bei diesen Bauelementen).

Als Beispiel sei das Einschalten einer Spannungsquelle auf eine RC-Reihenschaltung erläutert:

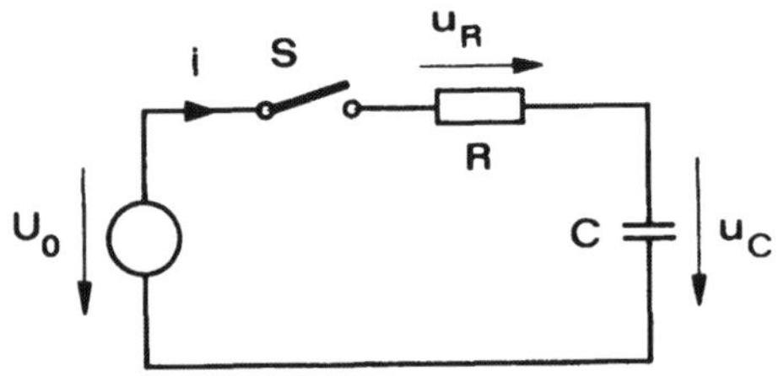

Bild 7.2 Einschalten einer Spannungsquelle auf eine RC-Reihenschaltung, Zählpfeile

Bei offenem Schalter S sei die Spannung am Kondensator Null. Zur Zeit $t = 0$ werde der Schalter geschlossen.

Für $t > 0$ liefert der 2. Kirchhoffsche Satz:

$$u_R + u_C - U_0 = 0 \tag{7.1}$$

Für den Kondensator gilt:

$$i = C \cdot \frac{du_C}{dt}$$

Die Spannung am Widerstand ist

$$u_R = i \cdot R$$

Mit diesen Beziehungen ergibt sich aus der Gleichung (7.1):

$$\frac{du_C}{dt} + \frac{1}{RC} u_C - \frac{1}{RC} U_0 = 0 \tag{7.2}$$

Diese Differentialgleichung beschreibt den Zeitverlauf der Spannung am Kondensator von dem Zeitpunkt ab, in dem der Schalter geschlossen ist. Die Anfangsbedingung für ihre spezielle Lösung geht aus dem Zustand des Netzwerkes unmittelbar nach dem Schließen des Schalters hervor. Sie lautet:

$$t = 0 \qquad u_C(0) = 0$$

Eine Differentialgleichung erster Ordnung dieser Form hat folgende allgemeine Lösung:

$$u_C(t) = e^{-\frac{t}{\tau}}(K + U_0 \cdot e^{\frac{t}{\tau}}) \tag{7.3}$$

Hierbei wurde ersetzt

$$RC = \tau$$

Die eingeführte Größe τ wird als **Zeitkonstante** bezeichnet.

Der Summand K ist aus der speziellen Anfangsbedingung zu bestimmen. Das ergibt hier:

$$K = - U_0$$

Damit ergibt sich die spezielle Lösung für das gewählte Beispiel:

$$u_C(t) = U_0 (1 - e^{-\frac{t}{\tau}}) \tag{7.4}$$

Für den Strom ergibt sich die Lösung:

$$i(t) = \frac{U_0}{R} \cdot e^{-\frac{t}{\tau}} \tag{7.5}$$

Das Bild 7.3 zeigt den Zeitverlauf von Kondensatorspannung und Strom nach dem Schalten.

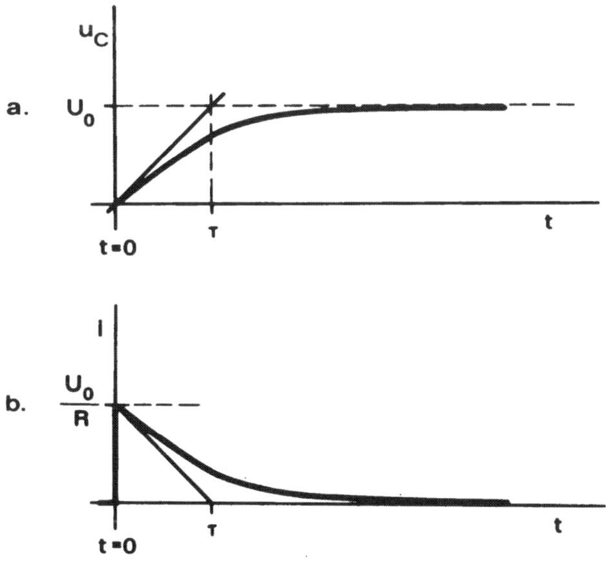

Bild 7.3 Zeitverlauf des Schaltvorganges nach Bild 7.2
a) Spannung am Kondensator
b) Strom

Der Stromverlauf zeigt, daß im Schaltaugenblick (t = 0) der Strom vom Wert i = 0 auf den Wert

$$i\,(0) = \frac{U_0}{R}$$

springt und für Werte t > 0 nach der Beziehung (7.5) verläuft. Das geht auch aus der Anfangsbedingung hervor. Wenn unmittelbar nach dem Schließen des Schalters der Kondensator keine Spannung hat ($u_C(0) = 0$), muß die Spannung U_0 am Widerstand liegen. Da U_0 auf die Reihenschaltung geschaltet wird, springt die Spannung am Widerstand um diesen Betrag.

Bei der Formulierung der Anfangsbedingungen ist zu beachten, daß

an einem Kondensator die Spannung sich nicht sprunghaft ändern kann, wohl aber der Strom

an einer Drosselspule sich der Strom nicht sprunghaft ändern kann, wohl aber die Spannung.

Wie das Bild 7.3 zeigt, ist die Zeitkonstante τ derjenige Zeitabschnitt, den die Tangente an den Zeitverlauf im Schaltzeitpunkt mit dem jeweiligen Endwert bildet.

Bei dem ausgezeichneten Wert $t = \tau$ haben die Zeitfunktionen von Spannung und Strom die folgenden Werte:

$$t = \tau \qquad u_C = (1 - e^{-1}) \cdot U_0 = 0{,}693\ U_0$$

$$i = e^{-1} \cdot \frac{U_0}{R} = 0{,}307\ \frac{U_0}{R}$$

Weitere Werte:

$$t = 3\tau \qquad u_C = 0{,}95\ U_0$$

$$i = 0{,}05\ \frac{U_0}{R}$$

$$t = 4\tau \qquad u_C = 0{,}982\ U_0$$

$$i = 0{,}018\ \frac{U_0}{R}$$

Daraus ergibt sich, daß der neue stationäre Zustand bei diesem Beispiel mit ausreichender Genauigkeit nach vier Zeitkonstanten erreicht wird.

Die Halbwertszeit – Zeit bis die Spannung auf den halben Wert angestiegen ist – beträgt:

$$t = 0{,}693\ \tau \qquad u_C = 0{,}5\ U_0$$

$$i = 0{,}5\ \frac{U_0}{R}$$

Als weiteres Beispiel sei das Einschalten einer Stromquelle auf eine RC-Reihenschaltung dargestellt:

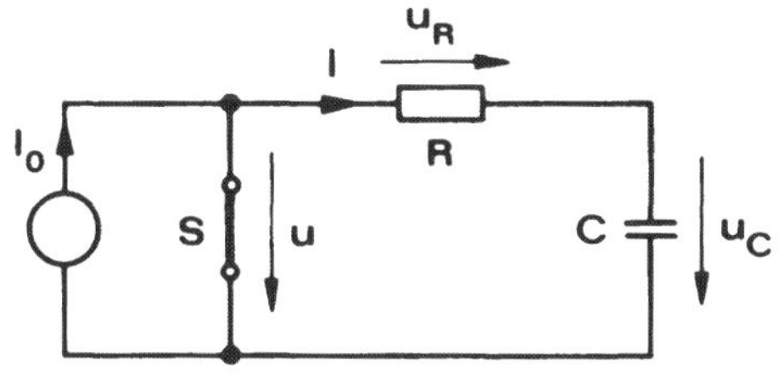

Bild 7.4 Einschalten einer Stromquelle (I_0 = konst) auf eine RC-Reihenschaltung

Die Stromquelle mit dem konstanten Strom I_0 wird auf den Verbraucher geschaltet, indem der Schalter S geöffnet wird. Dies erfolge zur Zeit $t = t_0$. Vorher sei der Kondensator spannungsfrei.

Für $t > t_0$ gilt:

$$i \cdot R + u_C - u = 0 \qquad \text{mit } i = I_0 \tag{7.6}$$

$$u(t) = I_0 R + \frac{1}{C} \cdot \int_{t_0}^{t} I_0 \, dt$$

Zu dieser Gleichung gehört die Anfangsbedingung

$$t = t_0 \qquad u_C(t_0) = 0$$

Damit hat die Gleichung (7.6) die folgende Lösung:

$$u(t) = I_0 R + \frac{I_0}{C}(t - t_0) \tag{7.7}$$

$$u_C(t) = \frac{I_0}{C}(t - t_0)$$

Das Bild 7.5 zeigt die Darstellung der Lösung.

Bemerkenswert ist das zeitlineare Ansteigen der Spannungen. Bei der technischen Ausführung dieses Versuchs muß eine Begrenzung der Spannungen beachtet werden. Das kann so erfolgen, daß entweder die Stromquelle nicht bei beliebig großen Spannungen arbeiten kann oder daß bei bestimmter Spannungshöhe zusätzliche Elemente im Kreis aktiv werden.

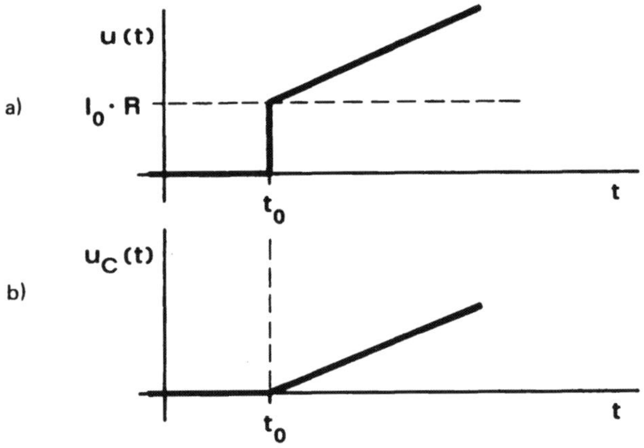

Bild 7.5 Zeitverlauf des Schaltvorganges nach Bild 7.4
a) Gesamtspannung
b) Spannung am Kondensator

Als weiteres Beispiel soll das Einschalten einer Wechselspannungsquelle auf eine RC-Reihenschaltung berechnet werden.

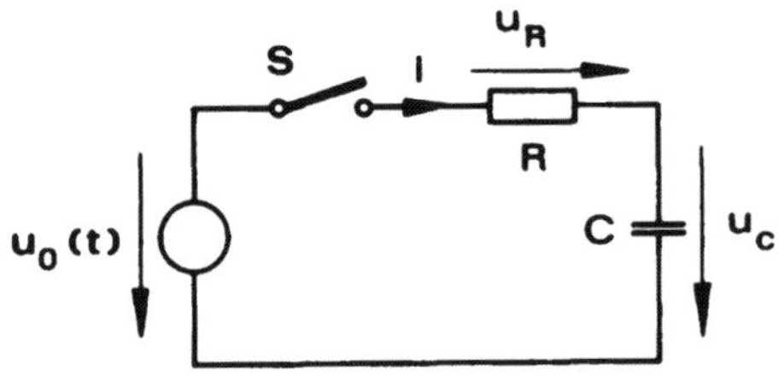

Bild 7.6 Einschalten einer Wechselspannungsquelle (u_0(t)) auf eine RC-Reihenschaltung

Der Schalter S wird zur Zeit t = 0 geschlossen. Der Kondensator sei vorher spannungsfrei. Der Zeitverlauf der Spannung u_0 sei wie folgt zu beschreiben:

$$u_0\,(t) = \hat{u}_0 \sin\,(\omega t + \psi)$$

Wird der Winkel ψ innerhalb der Periode frei gewählt, so kann der Einschaltzeitpunkt in Bezug auf den Nulldurchgang der Wechselspannung frei bestimmt werden.

Es soll der Zeitverlauf des Stromes i berechnet werden.
Für t > 0 ergibt der 2. Kirchhoffsche Satz:

$$u_R + u_C - u_0 = 0 \tag{7.8}$$

Mit $u_C = \frac{1}{C} \int i\,dt$ und $u_R = i\,R$ folgt daraus:

$$i\,R + \frac{1}{C} \int i\,dt - \hat{u}_0 \sin(\omega t + \psi) = 0 \tag{7.9}$$

In die Form einer Differentialgleichung erster Ordnung gebracht:

$$\frac{di}{dt} + \frac{1}{RC}\,i - \frac{\hat{u}_0}{R}\,\omega \cos(\omega t + \psi) = 0 \tag{7.10}$$

Hierzu gehört die Anfangsbedingung:

$$t = 0 \qquad\qquad u_C(0) = 0$$

Aus ihr folgt $u_R(0) = \hat{u}_0 \cdot \sin\psi$ oder $i(0) = \frac{\hat{u}_0 \cdot \sin\psi}{R}$

Die Gleichung (7.10) hat die allgemeine Lösung

$$i(t) = e^{-\frac{t}{RC}} \left[K + \frac{\hat{u}_0}{Z} \cdot e^{\frac{t}{RC}} \cdot \sin(\omega t + \psi + \phi)\right] \tag{7.11}$$

Es wurde zur Abkürzung eingeführt:

$$Z = \sqrt{R^2 + \left(\frac{1}{\omega C}\right)^2}\,; \qquad \tan\phi = \frac{1}{R\omega C} \tag{7.12}$$

Die Anpassung der Lösung an die Anfangsbedingung liefert:

$$K = \frac{\hat{u}_0 \sin\psi}{R} - \frac{\hat{u}_0 \sin(\psi + \phi)}{Z} \tag{7.13}$$

Damit ergibt sich als Lösung für die spezielle Aufgabe:

$$i(t) = \frac{\hat{u}_0}{Z} \sin(\omega t + \psi + \phi) - \frac{\hat{u}_0}{Z} \frac{1}{R\omega C} e^{-\frac{t}{RC}} \cos(\psi + \phi) \tag{7.14}$$

Der erste Summand in der Gleichung (7.14) stellt einen Strom von Sinusform mit dem Scheitelwert $\hat{u}_0/Z$ dar, der gegenüber der Spannung um den Winkel ϕ (Gleichung (7.12)) verschoben ist. Da der zweite Summand in (7.14) für $t \to \infty$ verschwindet, beschreibt der erste Summand den Strom des neuen stationären Zustandes. Dieser kann aus den Daten des Verbrauchers (Z, ϕ) und der Spannung u_0 nach den im Abschn. 4 abgeleiteten Beziehungen berechnet werden. Er ist in Bild 7.7 mit i_s bezeichnet. Der zweite Summand stellt einen Strom dar, der nur während des Ausgleichsvorganges fließt. Er wird auch flüchtiger Strom genannt und ist im Bild 7.7 mit i_f bezeichnet.

Der Strom i (t) ergibt sich nach (7.14) zu:

$$i(t) = i_s - i_f \tag{7.15}$$

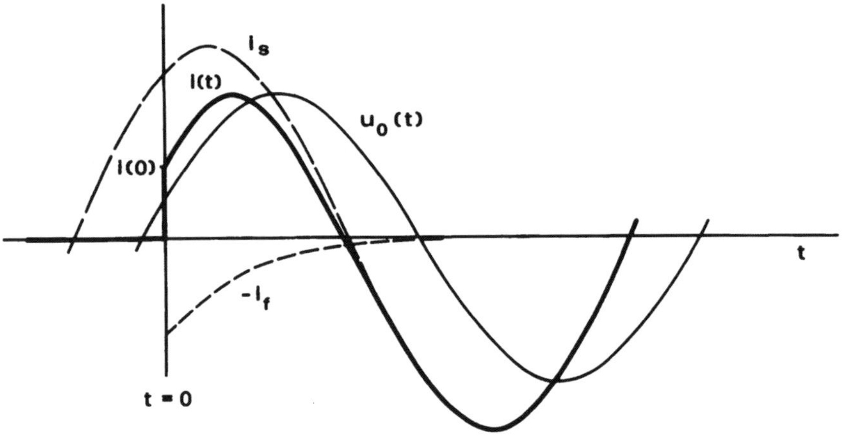

Bild 7.7 Zeitverlauf i (t) beim Schaltvorgang nach Bild 7.6

Bei der im Beispiel gewählten Schaltung springt der Strom im Schaltaugenblick um den Wert i (0). Die Größe dieses Sprunges ist vom Einschaltzeitpunkt abhängig:

$$i(0) = \frac{\hat{u}_0 \sin \psi}{R}$$

Das Bild 7.8 zeigt den Verlauf von i (t) bei zwei verschiedenen Einschaltzeitpunkten.

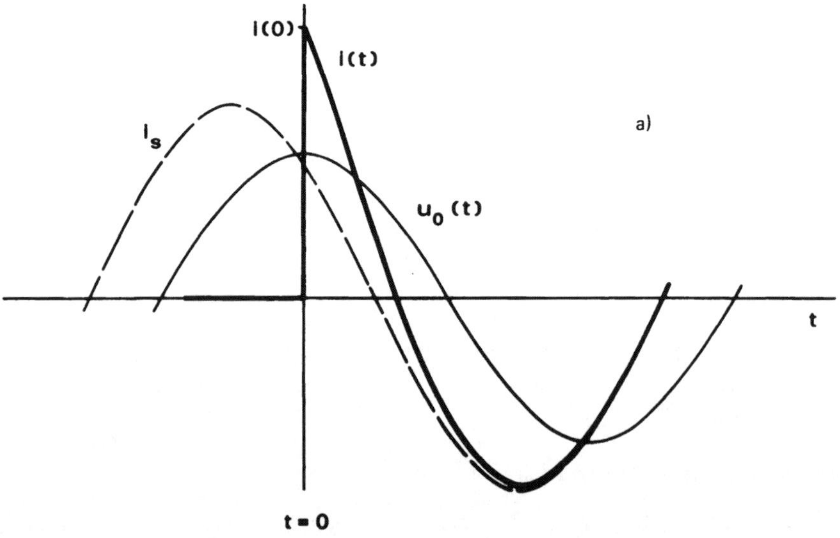

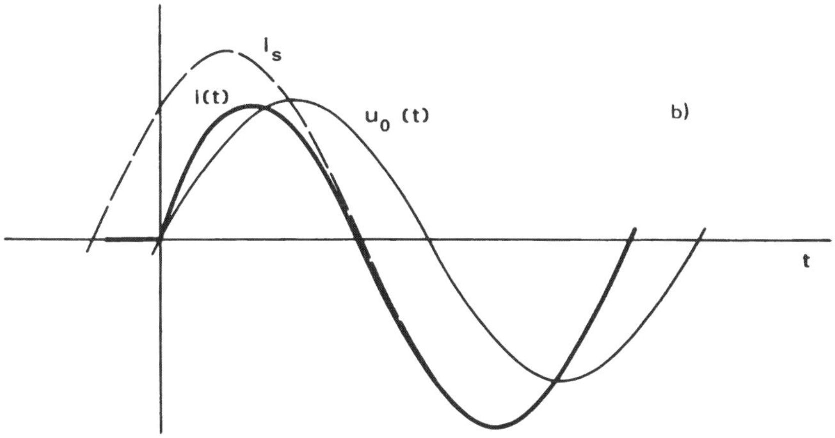

Bild 7.8 Zeitverlauf i (t) bei verschiedenen Einschaltzeitpunkten

a) $\psi = \frac{\pi}{2}$, maximaler Stromsprung

b) $\psi = 0$, kein Stromsprung

7.2 Ausgleichsvorgänge in Netzwerken, die Drosselspulen und Kondensatoren enthalten

Das folgende Beispiel zeigt einen Schaltvorgang in einem Netzwerk, das sowohl einen Kondensator als auch eine Drosselspule enthält. Es wird eine Spannungsquelle auf eine RLC-Reihenschaltung geschaltet.

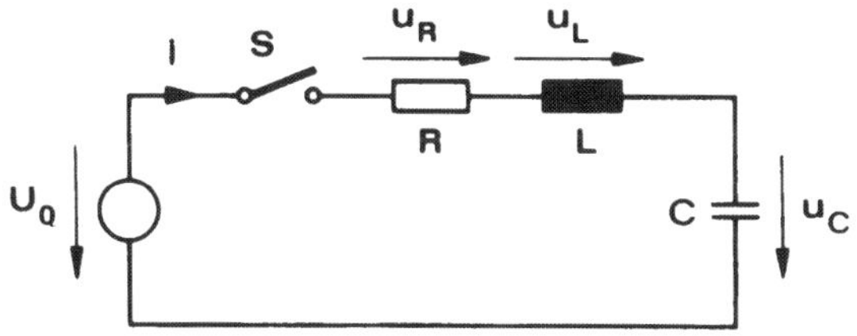

Bild 7.9 Einschalten einer Spannungsquelle (U_0 = konst) auf eine RLC-Reihenschaltung

Vor dem Schließen des Schalters S ist der Kreis stromlos, der Kondensator C spannungsfrei. Zur Zeit t = 0 werde der Schalter geschlossen. Der zeitliche Verlauf der Größen i, u_L und u_C ist zu ermitteln.

Für $t > 0$ ergibt der 2. Kirchhoffsche Satz:

$$u_R + u_L + u_C = U_0 \tag{7.16}$$

Werden die Beziehungen für die Klemmenspannungen der einzelnen Elemente eingeführt, so ergibt sich:

$$i\,R + L\frac{di}{dt} + \frac{1}{C}\int i\,dt = U_0 \tag{7.17}$$

Diese Gleichung soll umgeschrieben werden:

$$\frac{d^2 i}{dt^2} + \frac{R}{L}\frac{di}{dt} + \frac{1}{LC}\,i = 0 \tag{7.18}$$

Weil eine Drosselspule und ein Kondensator im geschalteten Netzwerk vorhanden sind, ist die den Schaltvorgang beschreibende Differentialgleichung (7.18) von 2. Ordnung.

Die Anfangsbedingungen lauten bei dieser Aufgabe:

$$t = 0: \quad i(0) = 0; \quad u_C(0) = 0$$

Mit Hilfe von (7.17) können sie auch wie folgt geschrieben werden:

$$t = 0: \quad i(0) = 0; \quad \left.\frac{di}{dt}\right|_{t=0} = \frac{U_0}{L}$$

Die Differentialgleichung (7.18) hat folgende allgemeine Lösung

$$i\,(t) = A_1\,e^{\alpha_1 t} + A_2\,e^{\alpha_2 t} \tag{7.19}$$

mit $\alpha_{1,2} = -\frac{R}{2L} \pm \sqrt{\frac{R^2}{4L^2} - \frac{1}{LC}}$

A_1 und A_2 sind noch unbestimmte Koeffizienten, die aus den Anfangsbedingungen bestimmt werden können.

Es sollen folgende Abkürzungen eingeführt werden:

$$\frac{R}{2L} = \delta; \quad \omega_0 = \frac{1}{\sqrt{LC}}; \quad Z_0 = \sqrt{\frac{L}{C}} = \omega_0 L = \frac{1}{\omega_0 C}$$

Damit läßt sich schreiben:

$$\alpha_{1,2} = -\,\delta \pm \sqrt{\delta^2 - \omega_0^2} \tag{7.20}$$

Die Wurzel in Gleichung (7.20) kann imaginär, reell oder Null sein, je nachdem, in welchem Verhältnis der Widerstand R zu den Größen L und C steht.

Wurzel reell	$\delta > \omega_0, \frac{R}{2} > Z_0$	Aperiodisches Einschwingen
Wurzel imaginär	$\delta < \omega_0, \frac{R}{2} < Z_0$	Periodisches Einschwingen
Wurzel Null	$\delta = \omega_0, \frac{R}{2} = Z_0$	Aperiodischer Grenzfall

Diese drei Fälle müssen gesondert betrachtet werden.

Periodisches Einschwingen, $\frac{R}{2} < Z_0$

Mit dieser Wahl von R läßt sich die Gleichung (7.20) schreiben:

$$\alpha_{1,2} = -\delta \pm j\sqrt{\omega_0^2 - \delta^2} = -\delta \pm j\omega \quad \text{mit } \omega^2 = \omega_0^2 - \delta^2$$

Wird das in die Lösungsgleichung (7.19) eingesetzt, ergibt sich:

$$i(t) = e^{-\delta t} [A_1 e^{j\omega t} + A_2 e^{-j\omega t}] \tag{7.21}$$

$$i(t) = e^{-\delta t} [(A_1 + A_2) \cos \omega t + j (A_1 - A_2) \sin \omega t] \tag{7.22}$$

A_1 und A_2 sind hierin komplexe Konstanten. Durch die folgende Substitution kann die Lösung (7.22) reell geschrieben werden:

$$A_1 = \frac{1}{2}(B_2 - j B_1) \qquad A_2 = \frac{1}{2}(B_2 + j B_1) \tag{7.23}$$

B_1, B_2 sind reelle Konstanten.

$$i(t) = e^{-\delta t} (B_1 \sin \omega t + B_2 \cos \omega t) \tag{7.24}$$

Die Gleichung (7.24) stellt die allgemeine Lösung der Differentialgleichung (7.18) für den Fall periodischen Einschwingens dar.

Anpassen der Lösung (7.24) an das vorliegende Problem, d. h. Einführen der Anfangsbedingungen bringt den Zeitverlauf des Stromes:

$$i(t) = \frac{U_0}{\omega L} \cdot e^{-\delta t} \cdot \sin \omega t \tag{7.25}$$

Für die Spannung am Kondensator ergibt sich:

$$\frac{u_C(t)}{U_0} = 1 - e^{-\delta t} \left(\frac{\delta}{\omega} \sin \omega t + \cos \omega t\right) \tag{7.26}$$

Das Bild 7.10 zeigt die Darstellung der Lösungen. Es enthält die Zeitverläufe des Stromes i, der Spannung am Kondensator u_C und der Spannung an der Drosselspule u_L.

Wie der Zeitverlauf $u_C(t)$ zeigt, schwingt die Kondensatorspannung über den stationären Wert U_0 um einen Betrag Δu_C über. Dieser Betrag ist vom Verhältnis $\frac{R}{2Z_0}$ abhängig. Er soll im folgenden bestimmt werden.

u_{Cmax} tritt bei $\omega t = \pi$ auf.

$$\frac{u_{Cmax}}{U_0} = 1 + e^{-\frac{\delta}{\omega}\pi} \tag{7.27}$$

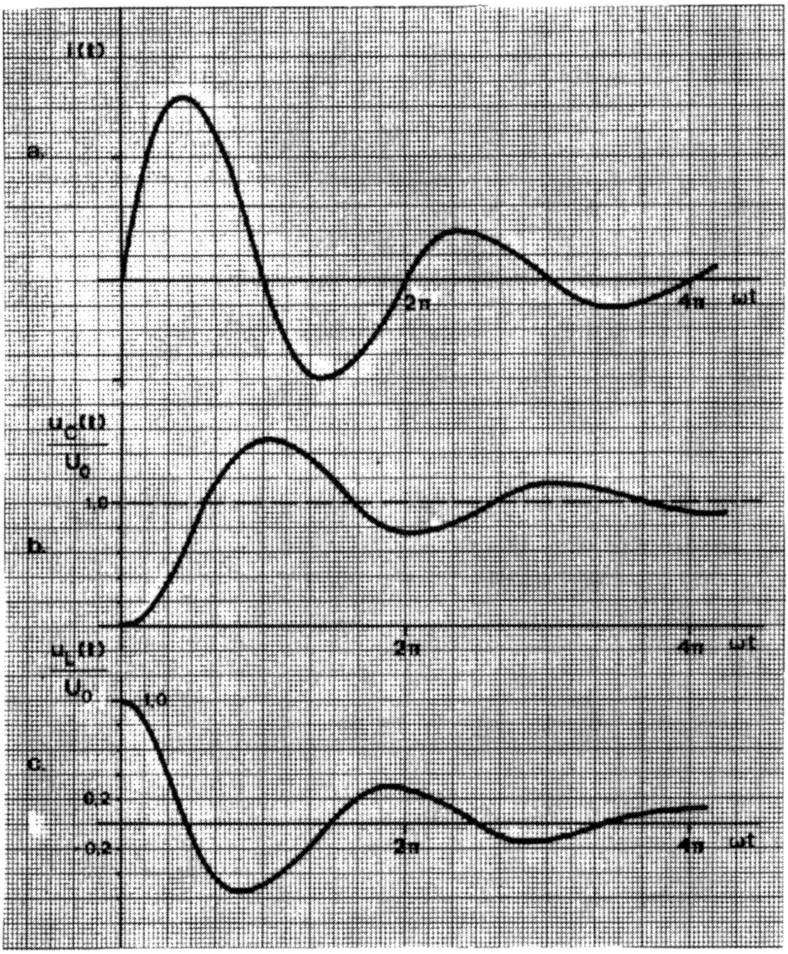

Bild 7.10 Zeitverlauf des Schaltvorganges nach Bild 7.9 (Periodisches Einschwingen)
a) Strom
b) Spannung am Kondensator
c) Spannung an der Drosselspule

Hieraus folgt: $$\frac{\Delta u_C}{U_0} = e^{-\frac{\delta}{\omega}\pi} \qquad (7.28)$$

Zur Darstellung der Abhängigkeit des Betrages des Überschwingens vom Verhältnis $\frac{R}{2Z_0}$ wird $\delta = k\,\omega_0$ eingeführt.

Der Faktor k kann sich dann ändern: $0 < k < 1{,}0$

Damit wird (7.28) zu:

$$\frac{\Delta u_C}{U_0} = e^{-\pi k/\sqrt{1-k^2}} \tag{7.29}$$

Das Bild 7.11 zeigt als Ergebnis die Abhängigkeit des Wertes $\frac{\Delta u_C}{U_0}$ von der Dämpfung des Kreises.

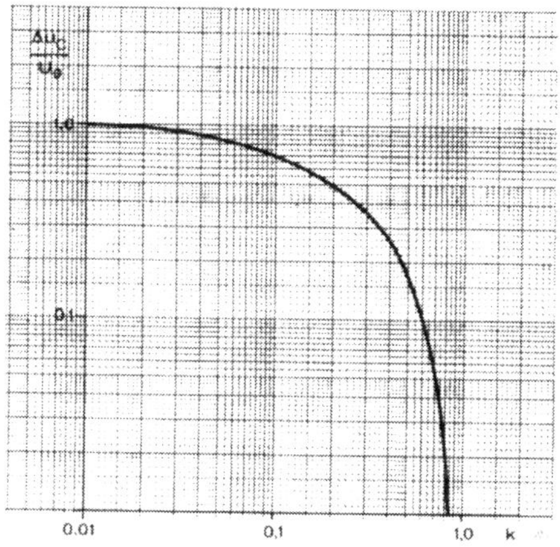

Bild 7.11 Relative Überspannung am Kondensator $\frac{\Delta u_C}{U_0}$ beim Schaltvorgang nach Bild 7.9

Aperiodisches Einschwingen, $\frac{R}{2} > Z_0$

Bei dieser Wahl von R sind $\alpha_{1,2}$ reell (vgl. (7.20)). Aus der allgemeinen Lösung (7.19) folgt unter Berücksichtigung der Anfangsbedingungen:

$$i(t) = \frac{U_0}{\omega L} \cdot e^{-\delta t} \cdot \frac{1}{2} (e^{\omega t} - e^{-\omega t}) = \frac{U_0}{\omega L} \cdot e^{-\delta t} \cdot \sin h\,(\omega t) \tag{7.30}$$

$$\frac{u_C(t)}{U_0} = 1 - e^{-\delta t} \left[\frac{\delta}{\omega} \sin h\,(\omega t) + \cos h\,(\omega t)\right]$$

Im Bild 7.12 sind die Zeitverläufe des Stromes i und der Spannung am Kondensator u_C für den Fall des aperiodisch verlaufenden Ausgleichsvorganges aufgezeichnet.

Aperiodischer Grenzfall, $\frac{R}{2} = Z_0$

Für diese Wahl von R lautet die allgemeine Lösung:

$$i(t) = e^{-\delta t} (A_1 + A_2 \cdot t) \tag{7.32}$$

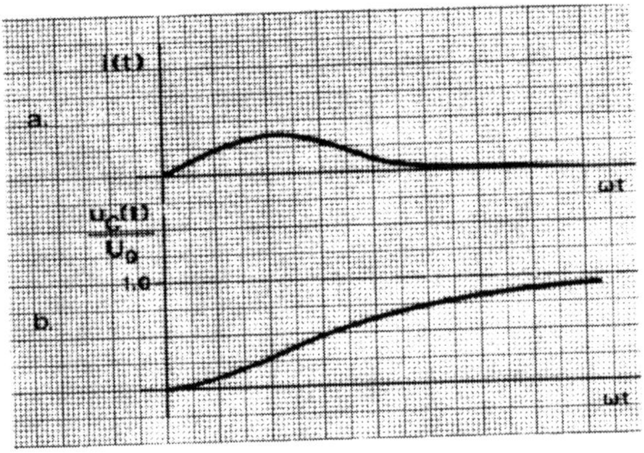

Bild 7.12 Zeitverlauf des Schaltvorganges nach Bild 7.9 (Aperiodisches Einschwingen)
a) Strom
b) Spannung am Kondensator

Aus (7.32) folgen mit den Anfangsbedingungen des Problems

$$i(t) = \frac{U_0}{L} \cdot t \cdot e^{-\delta t} \tag{7.33}$$

$$\frac{u_C(t)}{U_0} = 1 - e^{-\delta t}(1 + \delta t) \tag{7.34}$$

Das Bild 7.13 zeigt die Lösungen für den aperiodischen Grenzfall.

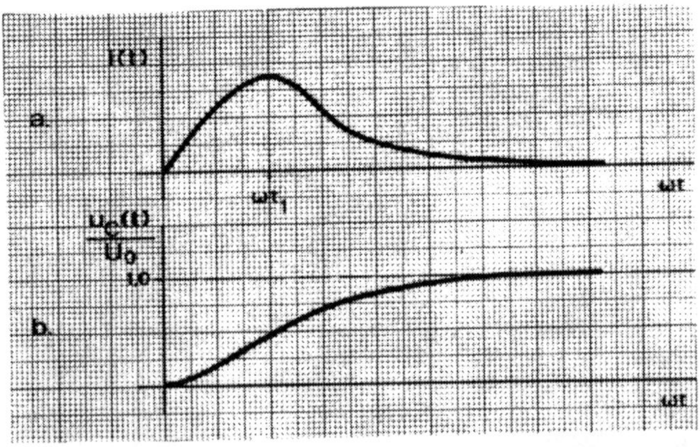

Bild 7.13 Zeitverlauf des Schaltvorganges nach Bild 7.9 (Aperiodischer Grenzfall)
a) Strom
b) Spannung am Kondensator

Das Maximum von i liegt bei

$$t_1 = \frac{1}{\delta} = \frac{1}{\omega_0} \tag{7.35}$$

Es hat die Größe

$$i_{max} = \frac{U_0}{Z_0} \cdot \frac{1}{e} \tag{7.36}$$

7.3 Aufgaben zum Abschnitt 7

Aufgabe 7.31

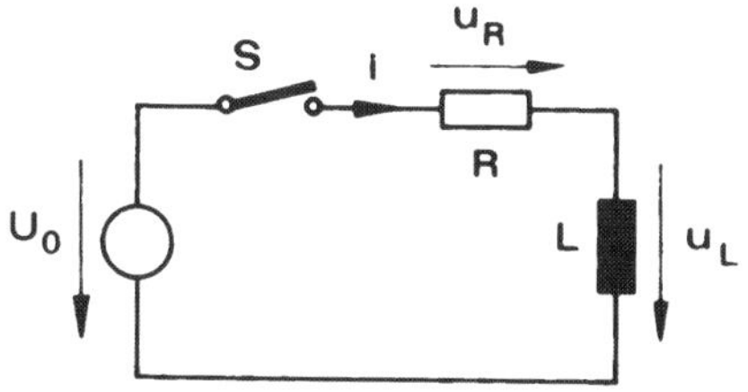

Eine vor dem Schließen des Schalters stromlose RL-Reihenschaltung wird an eine Spannungsquelle U_0 = konst. geschaltet. Es ist der Zeitverlauf des Stromes und der Spannungen zu berechnen.

Aufgabe 7.32

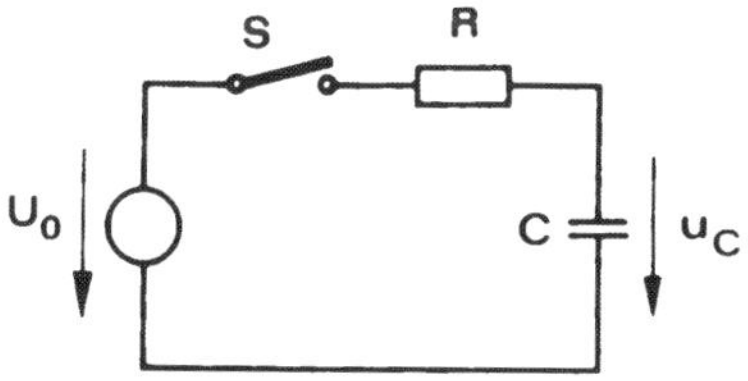

Es ist der Zeitverlauf der Spannung am Kondensator nach dem Schließen des Schalters zu berechnen. Der Kondensator ist vor dem Schalten auf eine Spannung u_C (0) = - 10 V aufgeladen. Nach welcher Zeit beträgt die Spannung am Kondensator 0 V?

$R = 2{,}7\ k\Omega, \quad C = 4{,}7\ \mu F, \quad U_0 = 15\ V, \quad u_C(0) = -10\ V$

Aufgabe 7.33

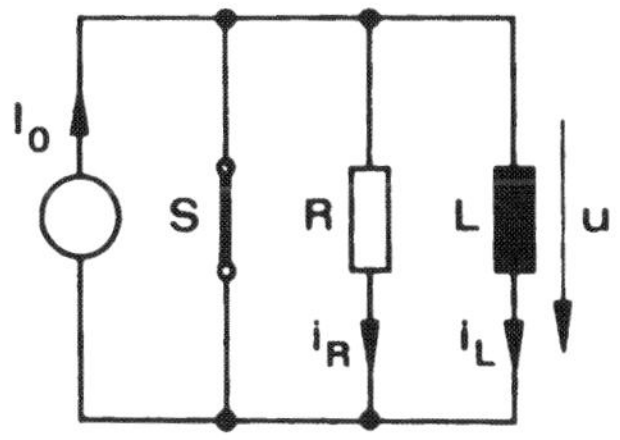

Es wird eine Stromquelle I_0 = konst durch Öffnen des Schalters S auf eine RL-Parallelschaltung geschaltet. Der Zeitverlauf der Spannung und der Ströme in Widerstand und Drosselspule ist zu berechnen.

Aufgabe 7.34

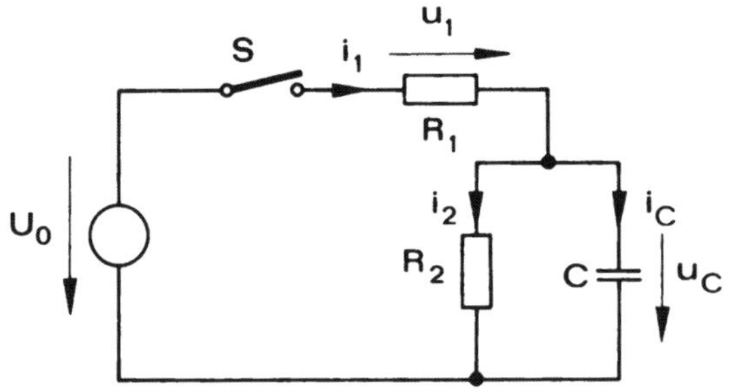

In der dargestellten Schaltung ist der Zeitverlauf aller Ströme und Spannungen nach dem Schließen von S zu berechnen und darzustellen. Der Kondensator hat vor dem Schalten keine Spannung.

$$R_1 = 4\,\text{k}\Omega, \quad R_2 = 2\,\text{k}\Omega, \quad C = 12\,\text{nF}, \quad U_0 = 50\,\text{V}$$

Aufgabe 7.35

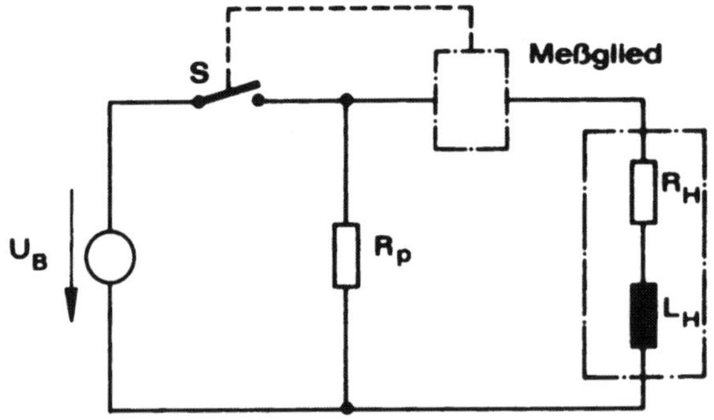

Ein Elektromagnet kann durch eine konstante Induktivität L_H und durch den in Reihe geschalteten Wicklungswiderstand R_H beschrieben werden. Er wird mit einem Nebenwiderstand R_P über einen stromgesteuerten Schalter S aus einer konstanten Spannung U_B gespeist. Hierbei wird S geöffnet, wenn der Magnetstrom den Wert 0,9 I_N erreicht. S wird geschlossen, wenn der Magnetstrom auf den Wert 0,3 I_N abgesunken ist (Meßglied ohne Widerstand).

Es sind der zeitliche Verlauf der Ströme im Magneten und im Nebenwiderstand, der Verlauf der Spannung am Magneten zu berechnen und zu zeichnen.

$$L_H = 4{,}5\ \text{H}, \quad R_H = 9\ \Omega, \quad R_P = 18\ \Omega, \quad U_B = 200\ \text{V}$$

I_N Nennstrom des Magneten, $I_N = \dfrac{U_B}{R_H}$

Aufgabe 7.36

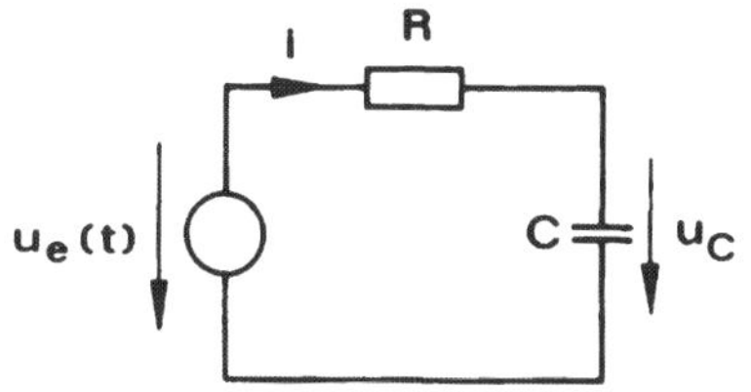

Für die dargestellte Schaltung ist der zeitliche Verlauf des Stromes i (t) und der Spannung am Kondensator u_C (t) für $t > 0$ darzustellen.

$$u_e(t) = 0 \qquad t < 0$$

$$u_e(t) = S \cdot t \qquad t \geqslant 0$$

$$C = 1\ \text{nF} \quad R = 1{,}6\ \text{k}\Omega \quad S = 30\ \frac{\text{V}}{\mu\text{s}}$$

Der Kondensator ist bei t = 0 spannungsfrei.

Aufgabe 7.37

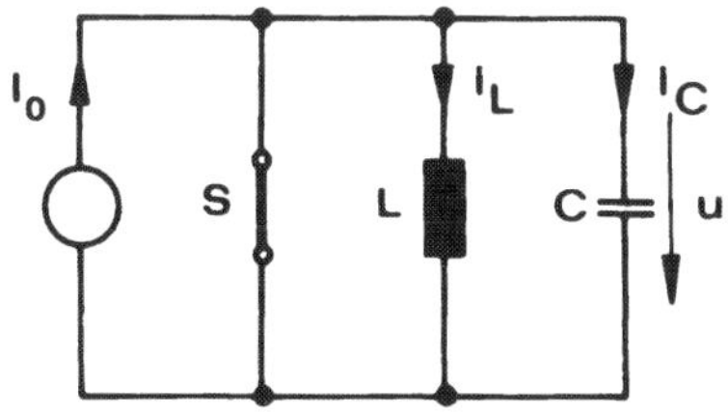

Eine Stromquelle (I_0 = konst) wird auf einen verlustfreien Schwingkreis geschaltet. Der zeitliche Verlauf von i_L, i_C und u nach dem Öffnen des Schalters ist zu berechnen.

Lösungen zu den Aufgaben des Abschnitts 7

Aufgabe 7.31

Für $t > 0$ gilt:

$$u_R + u_L - U_0 = 0$$

Mit $u_R = i\,R$ und $u_L = L\,\frac{di}{dt}$ entsteht hieraus die Differentialgleichung für den Strom:

$$\frac{di}{dt} + \frac{R}{L}\,i - \frac{1}{L}\,U_0 = 0$$

Die Anfangsbedingung lautet:

$$t = 0: \qquad i(0) = 0$$

Wegen der Drosselspule kann der Strom sich nicht sprunghaft ändern. Das bedeutet, daß unmittelbar nach dem Schalten am Widerstand keine Spannung liegt. Die Spannung an der Drosselspule springt um den Wert U_0.

Allgemeine Lösung der Differentialgleichung:

$$i(t) = e^{-\frac{t}{\tau}}\left(K + \frac{U_0}{R}\,e^{\frac{t}{\tau}}\right)$$

Hierin wurde $\frac{L}{R} = \tau$ eingeführt. Diese Größe stellt die Zeitkonstante dieses Kreises dar.

Die Einführung der Anfangsbedingung bringt

$$K = -\frac{U_0}{R} \qquad\qquad i(t) = \frac{U_0}{R}\left(1 - e^{-\frac{t}{\tau}}\right)$$

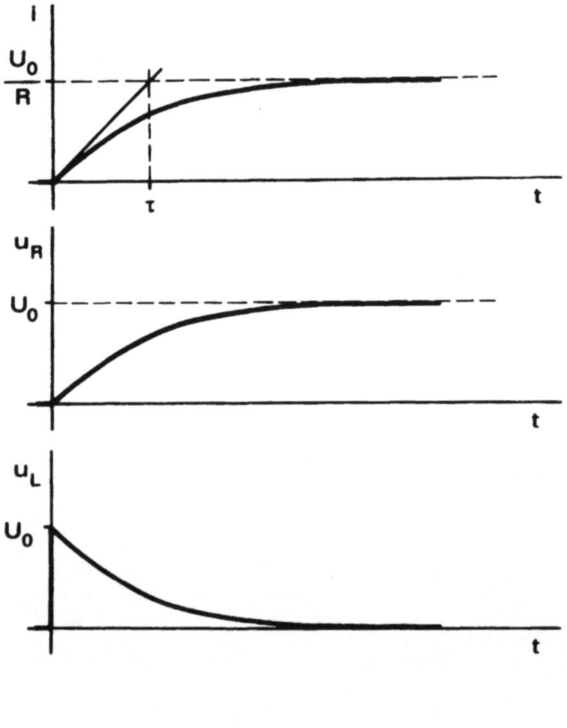

Der Strom $\frac{U_0}{R}$ stellt den neuen, stationären Zustand dar.

Die Spannungen ergeben sich zu:

$$u_R = U_0\,(1 - e^{-\frac{t}{\tau}}); \quad u_L = U_0 \cdot e^{-\frac{t}{\tau}}$$

Aufgabe 7.32

Für $t > 0$ gilt die Gleichung (7.2)

$$\frac{du_C}{dt} + \frac{1}{RC}\,u_C - \frac{1}{RC}\,U_0 = 0$$

mit der allgemeinen Lösung:

$$u_C(t) = e^{-\frac{t}{\tau}}\,(K + U_0\,e^{\frac{t}{\tau}}); \quad \tau = RC$$

Die Anfangsbedingung der vorliegenden Aufgabe ergibt:

$$K = u_C\,(0) - U_0 = -\,25\text{ V}$$

Daraus der Zeitverlauf der Kondensatorspannung:

$$u_C\,(t) = U_0 + (u_C\,(0) - U_0)\,e^{-\frac{t}{\tau}}$$

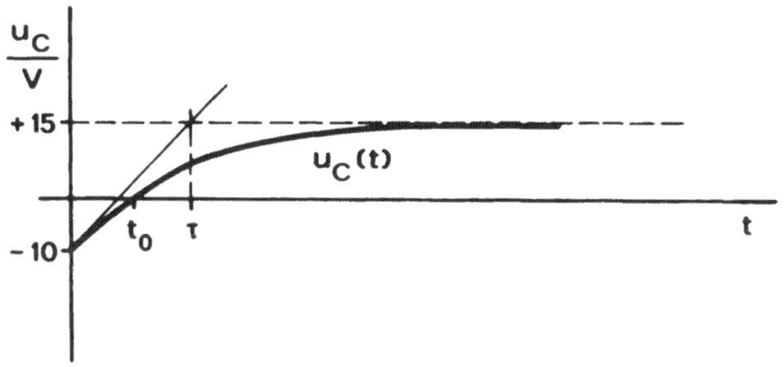

Die Spannung erreiche zum Zeitpunkt $t = t_0$ den Wert 0 V:

$$0 = U_0 + (u_C\,(0) - U_0)\,e^{-\frac{t_0}{\tau}}$$

$$t_0 = \tau \cdot \ln \frac{U_0 - u_C\,(0)}{U_0}$$

$$\tau = 12{,}7\text{ ms}; \quad t_0 = 12{,}7\text{ ms} \cdot 0{,}51 = 6{,}48\text{ ms}$$

Aufgabe 7.33

Für $t > 0$ ergibt die Knotenregel:

$$i_R + i_L - I_0 = 0$$

Mit $i_R\, R = u$ und $i_L = \frac{1}{L} \int u\, dt$ folgt hieraus die Differentialgleichung für die Spannung:

$$\frac{du}{dt} + \frac{R}{L} u = 0$$

mit der allgemeinen Lösung:

$$u(t) = K \cdot e^{-\frac{t}{\tau}}; \quad \tau = \frac{L}{R}$$

Die Anfangsbedingung bei dieser Aufgabe lautet:

$$t = 0; \quad u(0) = I_0 \cdot R$$

Der Strom i_L kann sich nicht sprunghaft ändern. Der Strom i_R wird um I_0 geschaltet. Damit ändert sich die Spannung im Schaltaugenblick sprunghaft um $I_0 \cdot R$.

Damit ergibt sich $K = I_0 \cdot R$ und:

$$u(t) = I_0 \cdot R \cdot e^{-\frac{t}{\tau}}$$

$$i_R(t) = I_0 \cdot e^{-\frac{t}{\tau}}$$

Der Strom in der Drosselspule ist wie folgt zu bestimmen:

$$i_L = \frac{1}{L} \int u(t)\, dt$$

$$i_L = -I_0 \cdot e^{-\frac{t}{\tau}} + K$$

Aus der Anfangsbedingung $t = 0$: $i_L(0) = 0$ folgt $K = I_0$ und

$$i_L(t) = I_0 \left(1 - e^{-\frac{t}{\tau}}\right)$$

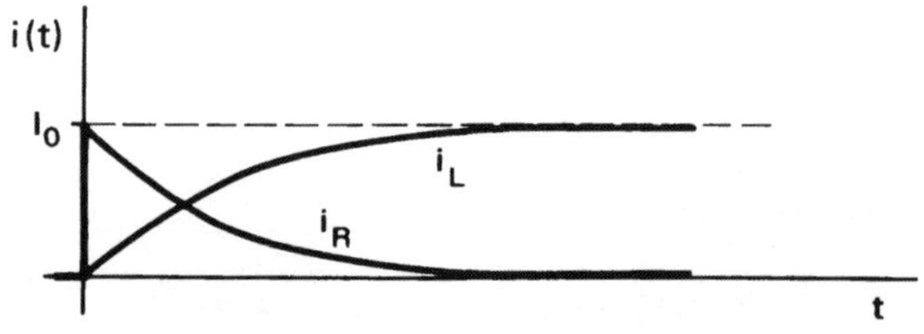

Aufgabe 7.34

Für $t > 0$ soll zur Berechnung des Kondensatorstromes eine Ersatzspannungsquelle (U_{ers}, R_i) verwendet werden.

$$U_{ers} = U_0 \frac{R_2}{R_1 + R_2}; \quad R_i = \frac{R_1 R_2}{R_1 + R_2}$$

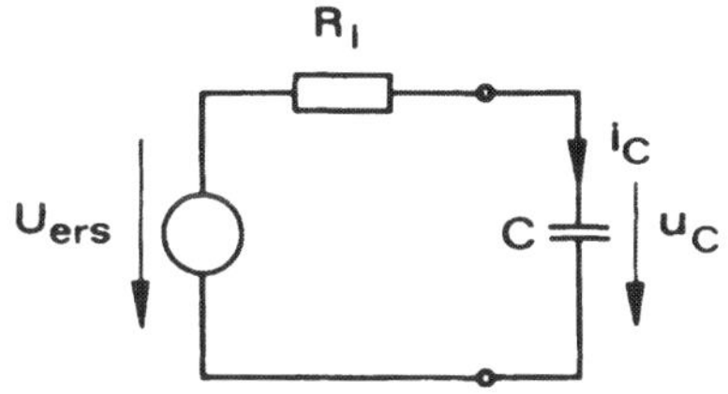

Für diesen Kreis wurde die Lösung in (7.3) einschließlich der Anfangsbedingung $t = 0$, $u_C(0) = 0$ angegeben:

$$u_C(t) = U_{ers}(1 - e^{-\frac{t}{\tau}}); \quad \tau = C \cdot R_i$$

Damit

$$u_C(t) = U_0 \frac{R_2}{R_1 + R_2}(1 - e^{-\frac{t}{\tau}})$$

$$i_C(t) = C \frac{du_C}{dt} = \frac{U_0}{R_1} \cdot e^{-\frac{t}{\tau}}$$

$$i_2(t) = \frac{u_C(t)}{R_2} = \frac{U_0}{R_1 + R_2}(1 - e^{-\frac{t}{\tau}})$$

$$i_1(t) = i_2(t) + i_C(t)$$

$$i_1(t) = \left(\frac{U_0}{R_1} - \frac{U_0}{R_1 + R_2}\right) e^{-\frac{t}{\tau}} + \frac{U_0}{R_1 + R_2}$$

$$u_1(t) = U_0 \frac{R_2}{R_1 + R_2} \cdot e^{-\frac{t}{\tau}} + U_0 \frac{R_1}{R_1 + R_2}$$

$$\frac{U_0}{R_1} = 12{,}5\ \text{mA}; \quad \frac{U_0}{R_1 + R_2} = 8{,}33\ \text{mA}; \quad R_i = 1{,}33\ \text{k}\Omega; \quad \tau = 16\ \mu\text{s}$$

$$U_0 \frac{R_1}{R_1 + R_2} = 33{,}3\ \text{V}; \quad U_0 \frac{R_2}{R_1 + R_2} = 16{,}7\ \text{V}$$

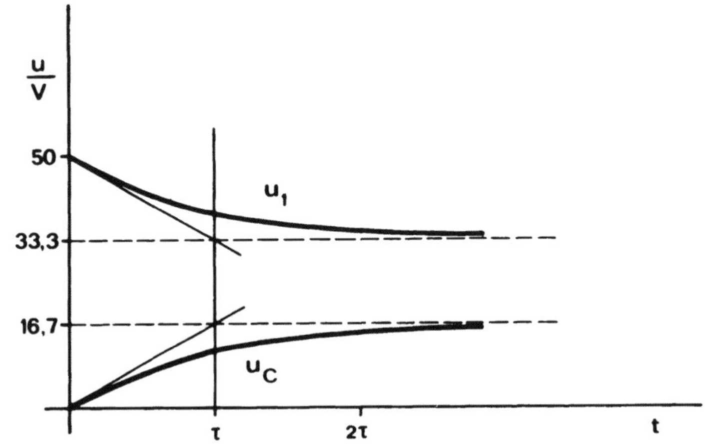

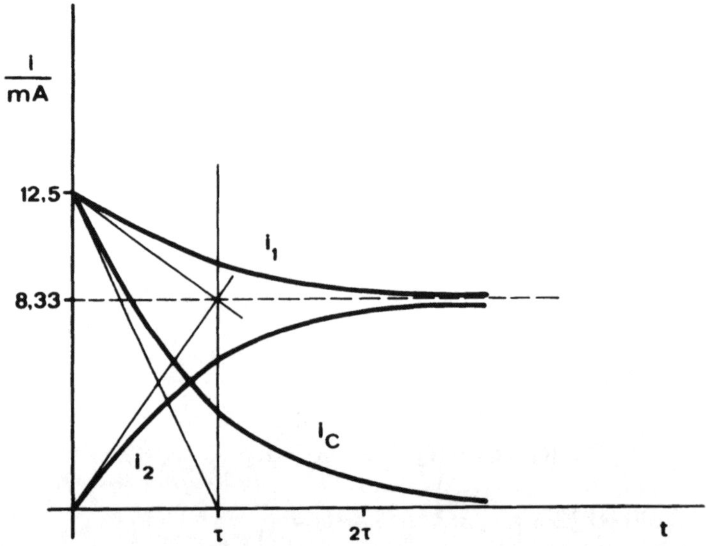

Aufgabe 7.35

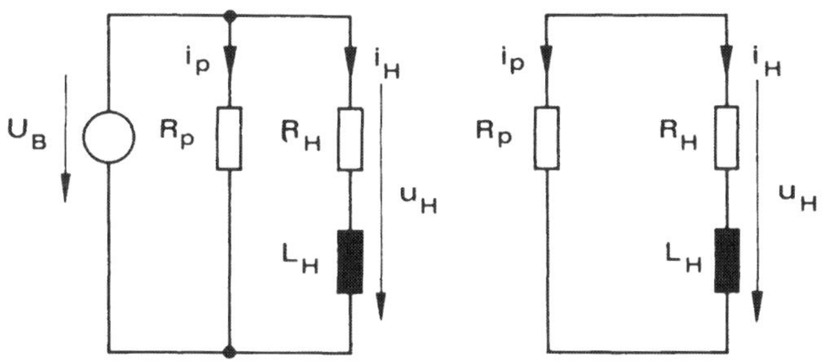

Die linke Schaltung gilt für den Zustand „Schalter geschlossen". Die rechte Schaltung gilt für den Zustand „Schalter offen".

Berechnung für den Zustand „Schalter geschlossen":

$$i_H R_H + L_H \frac{di_H}{dt} - U_B = 0$$

$$\frac{di_H}{dt} + \frac{R_H}{L_H} i_H - \frac{1}{L_H} U_B = 0$$

Die allgemeine Lösung dieser Differentialgleichung wurde in der Aufgabe 7.31 angegeben.

Hier lautet die Anfangsbedingung:

$$t = 0: \quad i_H = I_{min} = 0{,}3\, I_n$$

Damit ergibt sich: $K = I_{min} - \frac{U_B}{R_H}$

$$i_H(t) = \frac{U_B}{R_H} - \left(\frac{U_B}{R_H} - I_{min}\right) e^{-\frac{t}{\tau_H}}; \qquad \tau_H = \frac{L_H}{R_H}$$

$$i_H(t) = I_N - (I_N - I_{min})\, e^{-\frac{t}{\tau_H}}$$

$$i_p(t) = \frac{U_B}{R_p}; \qquad u_H(t) = U_B$$

Der Einschaltzustand ist beendet, wenn i_H den Wert $I_{max} = 0{,}9\, I_N$ erreicht. Dies sei bei $t = t_H$ der Fall:

$$I_{max} = I_N - (I_N - I_{min}) \cdot e^{-\frac{t_H}{\tau_H}}$$

$$t_H = \tau_H \, ln \frac{I_N - I_{min}}{I_N - I_{max}}$$

Berechnung für den Zustand „Schalter offen“:

$$i_H R_H + L_H \frac{di_H}{dt} - i_p R_p = 0; \quad i_p = - i_H$$

$$\frac{di_H}{dt} + \frac{R_H + R_p}{L_H} i_H = 0$$

Allgemeine Lösung:

$$i_H(t) = K \cdot e^{-\frac{t}{\tau_p}}; \quad \tau_p = \frac{L_H}{R_H + R_p}$$

Jetzt lautet die Anfangsbedingung, wenn der Schaltzeitpunkt $t = 0$ in den Punkt $i_H = I_{max}$ gelegt wird:

$$t = 0: \quad i_H = I_{max} = 0{,}9\ I_N$$

Damit ergibt sich: $K = I_{max}$ und

$$i_H(t) = I_{max} \cdot e^{-\frac{t}{\tau_p}}$$

$$u_H(t) = L_H \frac{di_H}{dt} + i_H R_H; \quad u_H(t) = - I_{max} \cdot R_p \cdot e^{-\frac{t}{\tau_p}}$$

Die Dauer des Zustandes „Schalter offen“ endet bei $t = t_p$, wenn $i_H = I_{min}$:

$$I_{min} = I_{max} \cdot e^{-\frac{t_p}{\tau_p}}$$

$$t_p = \tau_p\, ln \frac{I_{max}}{I_{min}}$$

Zahlenwerte:

$$I_N = 22{,}2\ \text{A}; \quad I_{max} = 20\ \text{A}; \quad I_{min} = 6{,}66\ \text{A}$$

$$\tau_H = 0{,}5\ \text{s}; \quad \tau_p = 0{,}167\ \text{s}$$

$$t_H = 0{,}97\ \text{s}; \quad t_p = 0{,}184\ \text{s}$$

$$I_{max} \cdot R_p = 360\ \text{V}$$

Es ist zu beachten, daß die Spannung am Magneten beim Öffnen des Schalters vom Wert $+ U_B$ auf den Wert $- I_{max} \cdot R_p$ springt.

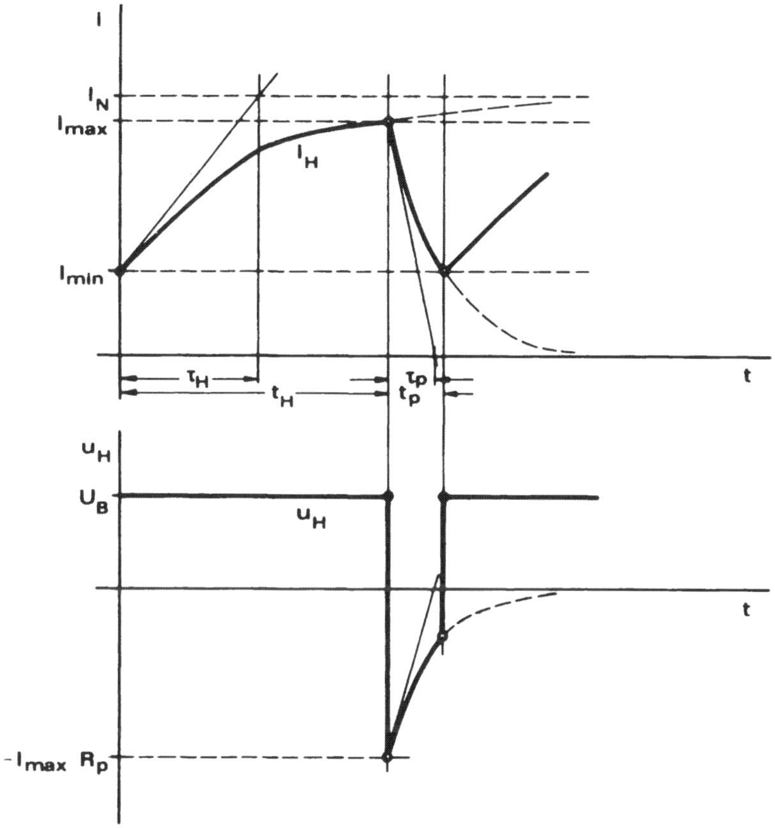

Aufgabe 7.36

Für $t > 0$ ergibt sich:

$$i_R + u_C - u_e = 0$$

$$\frac{du_C}{dt} + \frac{1}{\tau} u_C - \frac{1}{\tau} u_e = 0; \qquad \tau = RC$$

Anfangsbedingung $t = 0$: $\quad u_C(0) = 0$

Allgemeine Lösung:

$$u_C(t) = e^{-\frac{t}{\tau}} \left(K + \frac{1}{\tau} \int u_e \cdot e^{\frac{t}{\tau}} dt\right)$$

$$u_C(t) = e^{-\frac{t}{\tau}} \left(K + S\,\tau \left(\frac{t}{\tau} - 1\right)\right)$$

Aus der Anfangsbedingung geht hervor $K = S\,\tau$

Spezielle Lösung für die Aufgabe:

$$u_C(t) = S\,\tau\,(e^{-\frac{t}{\tau}} - 1) + S \cdot t$$

$$i(t) = S\,C\,(1 - e^{-\frac{t}{\tau}})$$

Zahlenwerte:

$$\tau = 1{,}6\,\mu s; \quad S\tau = 30\,\frac{V}{\mu s} \cdot 1{,}6\,\mu s = 48\,V$$

$$SC = 30\,\frac{V}{\mu s} \cdot 1\,nF = 30\,mA$$

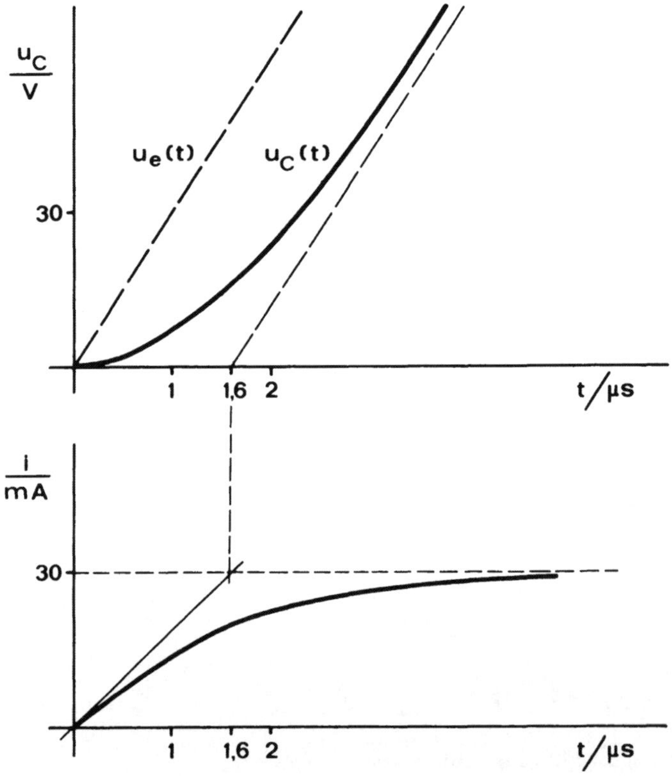

Aufgabe 7.37

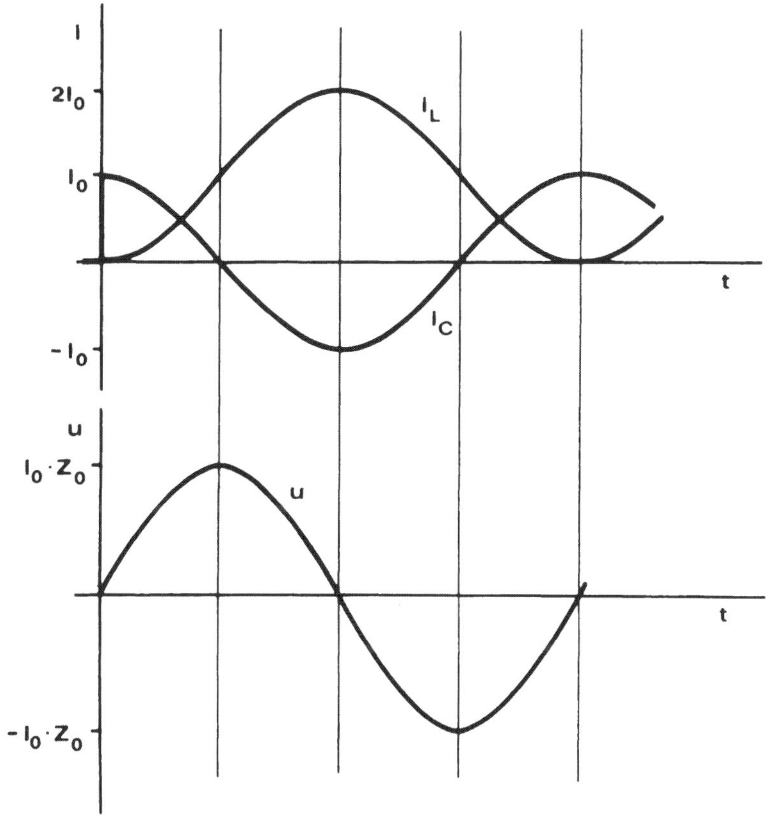

Für t > 0 gilt:

$$I_0 = i_L + i_C$$

Mit $u = L \frac{di_L}{dt}$ und $i_C = C \frac{du}{dt}$ ergibt sich:

$$\frac{d^2u}{dt^2} + \frac{1}{LC} u = 0$$

Eine Differentialgleichung zweiter Ordnung dieser Form hat die allgemeine Lösung:

$$u(t) = A \sin(\omega_0 t + \phi); \quad \omega_0 = \frac{1}{\sqrt{LC}}$$

Die Anfangsbedingungen ergeben sich daraus, daß vor dem Schalter der Parallelkreis spannungslos ist und daß im Schaltaugenblick der Kondensatorstrom auf den Wert I_0 springt.

$$t = 0: \quad u(0) = 0, \quad i_C(0) = I_0$$

Damit können in der allgemeinen Lösung die Konstanten A und ϕ bestimmt werden:

$$u(0) = A \sin \phi \quad \text{ergibt} \quad \phi = 0$$

$$i_C(t) = C \frac{du}{dt} = C\, A\, \omega_0 \cos \omega_0 t$$

$$i_C(0) = I_0 = C\, A\, \omega_0$$

$$A = I_0 \cdot Z_0 \quad \text{mit} \quad Z_0 = \sqrt{\frac{L}{C}}$$

Damit ergeben sich für u (t) und i_C (t) die speziellen Lösungen:

$$u(t) = I_0\, Z_0 \sin \omega_0 t$$

$$i_C(t) = I_0 \cos \omega_0 t$$

Der Zeitverlauf i_L (t) ergibt sich aus $i_L = \frac{1}{L} \int u\, dt$

$$i_L(t) = -\frac{1}{L} I_0\, Z_0 \frac{1}{\omega_0} \cos \omega_0 t + K$$

Aus der Anfangsbedingung $i_C(0) = I_0$ geht auch i_L (0) hervor. Damit $K = I_0$

$$i_L(t) = I_0 (1 - \cos \omega_0 t)$$

Literaturverzeichnis

Lehrbücher

Küpfmüller, K.: Einführung in die theoretische Elektrotechnik. 2. Aufl. Berlin–Göttingen–Heidelberg 1968.

Schönfeld, H.: Die wissenschaftlichen Grundlagen der Elektrotechnik. 3. Aufl. Berlin–Göttingen–Heidelberg 1960.

Schütz, E.: Grundzüge der Elektrotechnik. Berlin–Göttingen–Heidelberg 1956.

Gehrtsen, Chr.: Physik. 11. Aufl. Berlin–Heidelberg–New York 1971.

Leonhard, W.: Wechselströme und Netzwerke. 2. Aufl. Braunschweig 1971.

Michael, W.: Ortskurvengeometrie in der komplexen Zahlenebene. Basel 1950.

Wijn, H. P. J. und *P. Dullenkopf:* Werkstoffe der Elektrotechnik. Berlin–Heidelberg–New York 1967.

Unger, H.-G. und *W. Schultz:* Elektronische Bauelemente und Netzwerke. 2 Bde. Braunschweig 1969.

Tietze, U. und *Ch. Schenk:* Halbleiter-Schaltungstechnik. 2. Aufl. Berlin–Heidelberg–New York 1971.

Handbücher und Nachschlagewerke

DIN-Taschenbuch Nr. 22: Einheiten und Formelgrößen. 2. Aufl. Berlin 1969.

DIN-Taschenbuch Nr. 7: Schaltzeichen und Schaltpläne für die Elektrotechnik. 4. Aufl. Berlin 1970.

Handbuch der Elektrotechnik: Siemens AG. Essen 1971.

Philippow, E.: Taschenbuch Elektrotechnik. Band 1: Grundlagen. Berlin 1968.

Meinke, H. und *F. W. Gundlach:* Taschenbuch der Hochfrequenztechnik. 3. Aufl. Berlin 1971.

Sachregister

FSC
www.fsc.org
MIX
Papier | Fördert
gute Waldnutzung
FSC® C083411

Kolibri 360 GmbH
Ferdinand-Jühlke-Straße 7
99095 Erfurt, Deutschland
produktsicherheit@kolibri360.de